ViA arquitectura
배현미 역

Ecotypes Architecture
환경친화형 건축

普文堂

The relationship between the different elements of an ecosystem (the physical medium and the organisms that inhabit it, biotope and biocoenosis) are usually complex, but the rules are generally set by the physical medium, the biotope: the characteristics of the medium define the adaptations that living beings must make to live in it. The term 'ecoty-pes' refers to sub-species that are genetically adapted to their habitats. The opposite phenomenon is also found in nature, however: just as coral reefs influence ocean currents, the activities of all living beings have an enormous effect on the characteristics of their physical media.

These concepts are directly applicable to the relationship between architecture and nature.
From examples of more abstract or more poetic works such as the Wood of Life or the Fungal Garden, which are closer to the sphere of land art, to those with more specific or concrete briefs such as the Centre for Higher Musical Studies in Santiago de Compostela, this issue attempts to trace a path through the present-day architectural ecosystem.

생태계의 각기 다른 요소들(생태계에 사는 유기체 생물군집과 물리적인 환경)사이의 관계는 대체로 복잡하다. 하지만 그들 사이의 규칙은 일반적으로 생활권인 물리적인 환경에 의해 정해진다.
여기서 한정된 환경의 특징은 생태계에서 살아야 할 모든 유기체가 가져야 할 적응력을 규정짓는다. 생태형이란 그들의 서식지에 적응되어 살아가는 하부종을 일컫는 말이다.
자연에서는 간혹 반대현상이 나타나기도 하지만, 산호초가 해류에 영향을 미치듯이 모든 생명체, 유기체의 행동은 그들의 물리환경의 특징에 지대한 영향을 미치곤 한다.

이러한 개념들은 건축과 자연과의 관계에 바로 적용 시킬 수 있다.
"균류정원" 이나 "생의 나무" 등의 사례에서와 같이 토지예술의 영역에 가까운 추상적이거나 대단히 시적인 작품부터, "산티아고 콤포스텔라의 수준 높은 음악교육센터" 와 같은 구체적이고 명쾌한 작품에 이르기까지 이 책은 현대 건축학의 생태계를 살펴보고자 시도한 것이다.

목차 / Contents

제 1장 : Writings / 작품

제 2장 : Projects and Works / 프로젝트와 작업

제 3장 : Etc… / 기타··

제 1장

Writings
•
작품

클리판에 있는 성 피터 교회. 직선의 아름다움

"그 교회는 19세기 큰 상점의 포도주 저장고나 마구간이었던 것 같다. 교회는 굉장히 오래된 것 같다. 그 교회는 마치 기독교 시대 이전에 건축되었으며, 후에 발굴되어 기독교의 상징물들로 장식이 된 후 재사용 되어온 것으로 보인다."

이것이 바로 제인 아린(Janne Ahlin)이 1963부터 1966년 사이에 스웨덴 남쪽에 있는 클리판(Klippan) 지역에 건축가 시가드 로렌츠(Sigurd Lewerentz)가 건설한 교회내부를 본 감상을 표현한 것이다.
이 교회를 지으라는 임무를 받을 당시 로렌츠의 나이는 75세였다. 스톡홀름에 위치한 성 마크 교회 건축을 통해 그는 건축재료의 취급, 특히 벽돌을 매우 섬세하게 다룬다는 점에 있어 탁월한 개인적 감각을 보여주었다. 그리고 그는 빛의 조절능력과 목재를 이용한 많은 건축물을 다루었다는 점에서 개인적인 재능을 보여주었다.

성 마크 교회에서 보여주었던 로렌츠의 성숙된 건축미학은, 그의 새 건축물인 성 피터 교회에서 이를 대체할 만큼의 매우 인상적인 힘을 느끼게 해주는 유일한 건축물로 나타나게 된다.

우리는 현대의 종교적인 건축물을 접하게 될 때, 그것에서 과거의 건축물에서나 나옴직한 자연스럽고 감동적인 과거의 미를 느끼기란 쉬운 일이 아니다. 로마네스크 건축양식의 단순함, 고딕양식의 장대함이나 바로크 양식의 높은 무대예술성 등은 훌륭한 건축물로 현대까지 남겨져오고 있다.
그럼에도 불구하고 우리가 얼마나 감동했는가는 오직 한 가지, 현대의 건축물에는 항상 빠져있는 요소가 있다. 이것은 현대의 것이거나 유물학적으로 남겨진 과거의 것인가 와는 무관한, 즉 장대함이나 어떤 외부적 요소와 연관된 것이 아닌 바로 우리의 감정이라는 것을 통해서 얻어지게 되는 것이다.
성 스테파노 로톤도(San Stefano Rotondo) 교회와 코스메딘(Cosmedin)에 있는 성 마리아 교회는 두 군데 모두 로마에 위치하는 비교적 작은 규모의 것이나, 짙은 인상과 벅찬 감동을 안겨주는 몇 안 되는 교회 중 하나이다.

최근 50년 이내에 지어진 그 많은 모든 교회들 가운데 나는 클리판에 있는 성 피터 교회가 미학적인 감동을 주는 면에 있어 최고라고 감히 단언할 수 있다.

내가 더 놀란 것은, 이곳 남쪽 스웨덴 작은 마을의 아름답고 평온한 언덕에 교회를 건축하자고 한 로렌츠의 겸손하고 특별한 제안이었다. 클리판의 주민들은 이 새 교회를 공원의 가장자리에 위치시켜 도로에서 가깝도록 배치하자고 제안하였으나, 로렌츠는 교회를 공원의 깊숙한 안쪽, 즉 도로에서 더 먼 곳으로 배치했다.

그는 L자 형태의 부지평면도 상에서 교회를 L자의 두 팔 사이, 즉 가운데에 배치시키는 비교적 단순한 계획을 가지고 있었다. 이 건축물은 결과적으로 정사각형의 경계선을 이루게 되는 단층건물로 비교적 수평적인 형태로 완성되었다.

로렌츠는 항상 벽돌로 건축하기를 고집했다.
그는 스톡홀롬 지역의 비요르하겐에 위치한 성 마크 교회도 벽돌로 완성했다.
그는 벽에 고풍스러움과 세월의 흔적이 스며들어 보이게 하기 위해서 시골풍의 벽돌을 찾았고 손자국의 흔적을 남기기 위해 항상 벽면을 거친 느낌의 벽돌로 마무리 지었는데, 이는 전문가적인 건축술이 아닌 그 고장 특유의 건축술로 지어졌음을 나타내기 위해서이다.

"The church could be a cellar in a 19th century warehouse in the port, or maybe a stable. It looks old, as though excavated in a per-Christian era and reused, decked out with the attributes of Christianity."

That is Janne Ahlin's impression of the interior of the church that the architect Sigurd Lewerentz built in 1963-66 in Klippan, in southern Sweden.
Lewerentz was 75 when he was given the commission for this church. He had just built St. Mark's in Bjorkhagen (Stockholm), where he had shown a highly individual sensitivity in his treatment of the building materials, particularly the brickwork, and his control of the light and the volumes of the building, which is sited in a wood.

St. Mark's shows such expressive force in Lewerentz's mature years that only the new church of St. Peter in Klippan is capable of supplanting it.

When one visits the religious buildings of modern architecture, it is difficult to feel such an intense emotion as that which seems to appear so naturally and easily in some of those of the past. The simplicity of Romanesque architecture, the spectacularity of Gothic or the stage-setting of the Baroque have unquestionably bequeathed great buildings. Nonetheless, however impressed we may be, there is one quality that is not always present and is not necessarily associated with monumentality or with any type of display, and that is emotion.
The small early Christian churches such as San Stefano Rotondo or Santa Maria in Cosmedin, both quite small and both in Rome, possess the rare virtue of generating extremely intense emotion.

Of all the churches that have been built in the past fifty years, and there are many, I believe that St. Peter's in Klippan occupies one of the pinnacles of aesthetic emotion.
What is more surprising, to my mind, is the extraordinary modesty of Lewerentz's proposal for this small village in the beautiful, gentle hills of southern Sweden. Although the idea of Klippan's inhabitants was to place the new church on the edge of a park, close to the road, Lewerentz decided to site it further into the park.
He laid out the rather indeterminate brief he was given as a pavilion on an L-shaped floor plan with the church between the two arms of the L.
The ensemble forms a practically square perimeter. The buildings are single height and markedly horizontal.

Leweretz's idea was always to build in brick.
He had just done so at St. Mark's, in the Bjorkhagen area of Stockholm.
He was looking for a rustic finish brick that would give the walls an aged air, bathed in time, and also a hand-crafted look, as in vernacular architecture or architecture without architects.

The Church of St. Peter in Klippan. The Beauty of Directness

Rear View / 현재 모습

Despite his difficulties in finding a brick that would satisfy him, of the right dimensions, colour, texture, etc., Lewerentz, using a local brick, erected the walls of his building.
Although that is hardly unusual enough to be worth mentioning, what is almost uniquely significant is his decision to use a particular type of joint between the bricks of the same course. The wide vertical joints are filled with a white mortar thar spreads onto the surface of the bricks. He had already experimented with this in Bjorkhagen but there, in Stockholm, the monumentality of the expanses of wall visually predominate over their execution.

However, In Klippan the dimensions of the walls are very domestic and not very high, a single storey as has been mentioned.

For the sanctuary, Lewerentz proposed a low and therefore slightly oppressive box. In its centre, a metal pillar divides the span of the structure, made of metal beams and exposed to view. Above this, the church is covered by a series of brick vaults, placed longitudinally to the main door and the altar.
The vaulting is therefore visible through the beams.
The space, which is small, is oppressive not only because of its low height but also because of its closed quality. The floor plan of the sanctuary is a square with 18.5 metre sides.

The floor slopes gently down towards the altar. The floor and the altar are also built of brick.
Leweretz himself chose the ideal brick for each purpose: the roughest ones for the external walls, more vitrified ones for the flooring. He chose the different qualities, colours and textures he wanted for each area.

비록, 정확한 규격, 색, 질감 등 그를 만족시킬 수 있는 벽돌을 찾는 데는 많은 어려움이 있었지만, 로렌츠는 그 지역에서 생산되는 벽돌을 사용하여 그의 건물 벽을 완성시켰다.
그것에 대해 특별한 언급이 필요할 정도로 대단히 특이한 일이기는 하나, 그 중에서도 가장 독특한 점은 벽돌의 줄눈에 특별한 이음매를 사용했다는 점이다.
커다란 수직의 줄눈부분은 벽돌표면에 넓게 퍼지는 하얀색 회반죽을 이용했다. 그는 이미 이러한 부분을 비요르하겐에서 시도해 보았으나, 그 곳 스톡홀롬에서는 터무니없이 큰 벽면크기 때문에 그들의 제작방법이 시각적으로는 실패한 듯 보였었다.
그러나 클리판에서는 벽면크기가 아담하고 앞에서 말했듯이 단층으로 된 그다지 높지도 않은 건물이었기 때문에 성공적인 시도였던 것이다.

로렌츠는 신전부의 경우 높이가 낮았기 때문에 상대적으로 약간의 중압감을 주는 직사각형 모양의 구획된 공간을 제안했다. 그 구획공간의 중심에는 금속으로 된 거대한 기둥이 있어 건물전체의 폭을 나뉘어 보이게 했다. 그 거대한 금속 기둥은 사람들 눈에 아주 잘 보이는 곳에 위치하도록 설계되어졌다. 그 위로 연속된 벽돌로 이루어진 둥근 아치모양의 천장이 교회를 덮고 있는데, 이는 정문에서부터 재단까지 이어져 있다. 즉, 둥근 아치형의 천장은 들보들 사이로 보이도록 설계되었다.
교회의 이 작은 공간은 낮은 높이에 의해서 뿐만이 아니라 폐쇄적인 속성 때문에 더 닫혀져 있는 듯 해 보인다. 신전 층의 폭은 고작 18.5m 밖에 되지 않는다.

바닥은 재단을 향해 약간 경사져 있다. 바닥과 재단 역시 벽돌로 만들어졌다.
로렌츠는 각각의 목적에 맞는 가장 최적의 벽돌들을 스스로 골라 사용했다. 외벽에는 가장 거친 질감의 벽돌을 사용하는 반면, 바닥에 사용할 재료로는 유리의 질감을 가진 매끈한 벽돌을 사용했다. 그는 그가 원하는 각 공간을 위해 각기 다른 품질과 색 그리고 질감을 가진 벽돌을 다양하게 선택하여 이용했다.

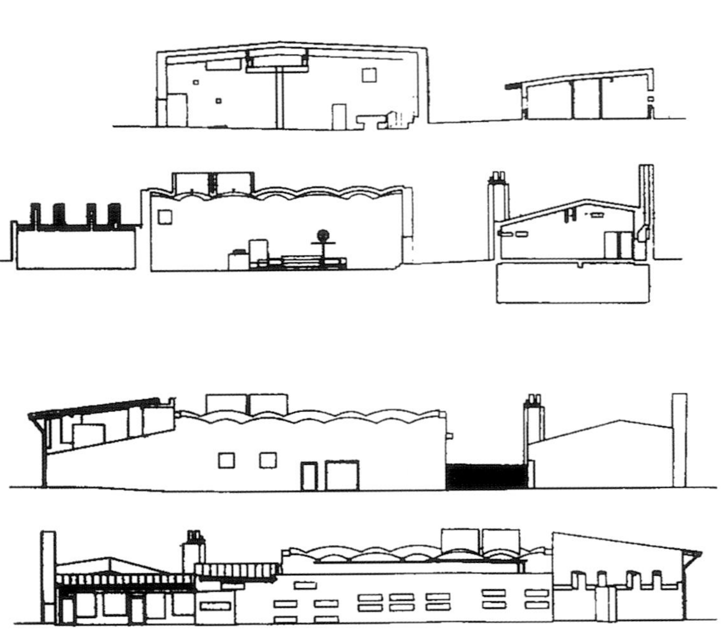

1

1. Sections and elevations / 단면도와 입면도
2. Floor plan / 평면도
3. End of service pavilion / 별관 측면
4. End of church / 교회 측면
5. Entrance to service pavilion / 별관 입구부분

교회는 전체적으로는 벽돌로 만들어진 것처럼 보이는데, 이는 제인 아린이 묘사한대로 마치 발굴된 고대 동굴을 개조해 놓은 것과 같은 모습을 하고 있다.
아래쪽으로 빛을 비추는 줄줄이 달린 소박한 원통모양의 등불과 단순한 모양의 나무의자들은 가정적인 분위기를 더해준다.

교회로서 사용될 당시, 그 곳은 서로의 비밀이 공유되는 것을 아는 폐쇄적인 회원자격이 요구되는 장소였으나, 회원간의 평등과 박애의 기운이 맴도는 장소였을 것이다.
이러한 분위기는 교회가 수용할 수 있을 만한 소규모의 예배자들에 의하여 만들어지기도 했겠지만, 그 뿐만 아니라 교회의 장식과 건축물에 의해서 조성되었다고도 할 수 있다.

재단은 그것이 방의 한 부분이라고 할 수 있을 정도로 아주 인접해 있다. 높이도 사제석과 크게 다르지 않으며, 제단 벽면의 뒷 배경 전체와도 견줄 수 있을 만큼 다르지 않으며, 재단에 꾸며진 장식은 일반적인 탁자에 꾸며진 장식과도 크게 다르지 않다.
어두움, 중압적인 분위기, 소박함 등. 이 모든 것들은 교회에서 예배시 숭배함을 만들어내는 데에 기여하는 요소들이다.

로렌츠는 교회 내부공간에서 빛과 그림자를 효과적으로 이용하여 건물에 폐쇄적인 분위기를 만들어내는 방법과 연출법을 인지하고 있었다.
그러나 그는 이 효과를 조금 더 부드럽게 연출해내기 위하여, 조금 구체적으로 표현하자면 이 효과를 좀 더 섬세하게 이용하기 위해 창이 없는 여러 방들에 빛을 끌어들였다. 그는 이러한 효과를 내기 위해 채광창이나 천창을 굴뚝모양으로 디자인했다.
그 결과, 부드럽게 기울어지는 창의 윤곽형태는 내부적으로는 빛을 찾고 있다는 인상을, 또 외적으로는 여유로움과 자연 친화적인 분위기를 느끼게 해준다.

또한 신전에 솟아있는 이러한 굴뚝모양의 탑들이나 다른 건물들의 높이는, 성지의 높이인 6m를 넘지 않고 있다.

이 교회의 신비스러운 특징은 놀랍다. 더 나아가 이 교회는 스칸디나비아 반도의 자연 친화적인 성격을 띠는 면에서 경이로운 것이라 표현할 수 있다. 덧붙여서, 이를 통해 우리는 스웨덴의 낭만파 운동이 자연 그대로의 모습에 근원을 두고 있는 모든 분야에 걸쳐 스웨덴사람들의 인지도 향상에 얼마나 큰 영향을 미쳤는가를 깨달을 수 있다.

과거의 훌륭한 작품들을 회상할 기회가 되는 이 낭만파 운동은 우리가 간과하고 있었던 과거의 값진 것들, 즉 스웨덴 건축사에서 폐쇄적인 성격을 가진 훌륭한 건축물들을 찾아낼 수 있게 해준다고 나는 생각한다. 그 견고하게 폐쇄된 건축물들의 특성은 적의 침략을 방어하기 위해서 뿐만 아니라 긴 겨울동안 대륙의 심한 바람과 눈이 부는 것을 막아내기 위함이다.

The church thus appears to be made entirely of brick, heightening the cave-like character of a space that, as Janne Ahlin noted, seems excavated.
The series of simple cylindrical lamps that direct the light downwards and the equally simple wooden chairs add a touch of domesticity.

During church services, there is an atmosphere of fraternity, complicity even, of membership of a closed group where everyone knows the secrets that are shared there.
This atmosphere is not only due to the small number of worshippers that the church can hold but also to the arrangement of the architecture and furnishings.

The presence of the altar is immediate, it is part of the room. It is not differentiated by height, as in a presbytery, nor by the background that could be occupied by a reredos, nor by any other attribute other than the table itself.
The darkness, the oppressive air, the rusticity, etc. all contribute to this atmosphere of fellowship among the congregation.

Lewerentz, who made full use of the effects of light and shadow in the church, was aware of the force thar its closed quality gives to the building. However, he softened or, to be more precise, complemented this effect by bringing light into various windowless rooms adjoining the church proper. He did this by designing chimney-like skylights or lanterns.
From the interior, their gently sloping outlines give the impression of seeking the light and from the exterior, that of a certain deliberate 'laziness' or naturalness.

Neither these chimneys nor any other volume rises above that of the sanctuary, which stands no higher than six meters.

The hermetic character of this church is surprising, or could be surprising, in such a nature-loving Scandinavian culture.
All the more so when one realises the extent to which the Swedish Romantic movement had heightened the appreciation of everything to do with deep roots in the wild.

I think it should be pointed out that this romantic movement that looks back to the great works of the past finds in them a feature we sometimes overlook: the closed quality of the great works in the history of Swedish architecture. Their fortress character of a county lashed by wind and snow during the long winters.

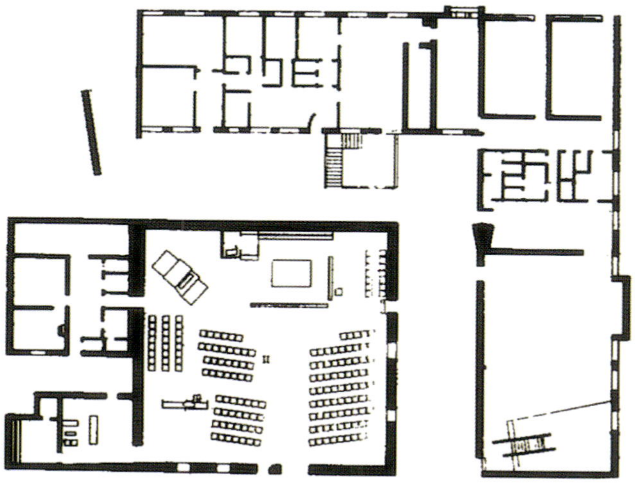

2

3

With modern eyes it may be more difficult to understand this desire for protection and shelter during months of isolation among the depopulated hills of this vast country.

However original and powerful the lanterns that bring light into the church building, the windows Lewerentz designed for the other buildings are still more original and reveal the importance placed on nature.

I have already mentioned how Lewerntz decided to distance the church from the roadside and place it further into the wood, ignoring the request of the local committee that had commissioned it. There, in the small wood, the new complex has acquired a natural space before reaching its entrance, a prior space of anticipation and arrival. And behind the complex there is a large meadow surrounded by trees.
Leweretz thought that the view of nature from the interior of the service building should be completely unobstructed. From the rooms, with their secluded, protective character and their warm, even powerful textures, cut-outs in the wall should allow light to enter directly.
Leweretz did away with the joinery so the frames, being non-existent, left the wall cut away, like a hole. Over this cavity, on the exterior, he stuck a pane of glass to the wall, as though plugging the hole.
The windows, seen from outside, therefore appear to be pictures standing away from the wall but stuck to it, framed by the putty. And from the interior they give the feeling of not being closed, of a cavity in direct contact with the exterior.

현대적인 관점에서 본다면, 이 광대한 땅의 언덕진 곳에 외로이 동 떨어져 위치하고 있는 이곳을 방어처 또는 은신처라고 의미를 부여하고 이해한다는 것은 대단히 어려운 일이다.

그러나 교회 건물 안으로 빛을 끌어들이는 채광창은 로렌츠가 다른 건물들을 위해 고안했던 창문으로, 여전히 독창적이며 자연 속에서 중요한 위치를 차지하고 있다.

나는 이미 르렌츠가 지역 공동위원회의 요구를 무시하고, 어떻게 도로와 교회간의 거리를 결정하여 교회를 숲 속 더 깊숙한 곳에 자리잡게 했는지에 대해 언급한 바 있다. 그 곳, 그 작은 숲 속에서, 교회입구까지 도달하기 전에 미리 만나게 되는, 도착에 대한 기대를 갖게 하는 자연적인 공간이 확보되었다 그리고 이 단지 뒤에는 수목에 의해 둘러싸인 넓은 초원이 자리하고 있다.

로렌츠는 교회 내부에서 보이는 바깥의 풍경은 가로막히는 일이 절대로 없어야 한다고 생각했다. 격리되어 있으며 방어적인 성격을 가진, 또 따뜻하고 거친 질감의 벽을 가진 방으로부터 벽의 단면에 이르기까지 빛이 정통으로 직접 통해야 한다고 생각했다.

그래서 로렌츠는 방의 커다란 창을 아무 가구로도 막지 않았으며 이로 인해 벽면에 마치 큰 구멍이 생긴 것처럼 해 두었다. 그리고 이 구멍을 통해 외부에서부터 빛을 끌어오고 통과시키기 위해 유리로 이 창을 막았다.

이 창문은 밖에서 보면, 실제로는 창문틀이 고정되어 붙어있지만 마치 벽에서 조금 떨어져 있는 듯한 모습으로 보인다.
그리고 내부에서는 마치 외부와 직접 통할 수 있는 닫혀있지 않은 창문이 눈앞에 있는 듯한 느낌을 준다.

4

5

6

7

이 벽에 붙어있는 조잡하고도 거친 무늬의 직사각형 모양의 유리조각들은 그렇지 않아도 거친 느낌을 주는 외벽의 느낌을 더 강하게 만든다. 이것의 효과는 결정적으로 원시적인 분위기의 표현이다.

내 생각에 이 글 첫머리에 인용된 제인 아린의 평가는 매우 정확하다고 본다. 개인적인 경험에 근거해보면, 이 건물은 상업적이거나 산업적인 분위기를 풍기지는 않는다.

그러나 이러한 견해는 건물을 방문하기 전, 나무들 사이에서 보았을 때, 도로에서 보았을 때, 일정한 거리를 두고 보았을 때 더 그렇게 느낄 수 있다.

이 몇 개의 건물들은 미적인 강렬함을 전해준다. 그리고 몇몇의 건물에서 외부의 인상과 내부에서 느껴지는 힘 사이에서 느낄 수 있는 차이점과 참멋을 발견하고 놀라곤 한다.

로렌츠는 공동묘지, 묘지예배당 등 장례에 관련된 상당한 양의 건축물 설계에 대한 경험을 쌓아왔다. 그는 그가 젊었을 때인 1925년 스톡홀름의 우드랜드 공동묘지에 있는 부활의 예배당(Chapel of the Resurrection)이라는 건축물에서 장례건축물에 대한 깊은 조예를 보여주었다.

그러나 웅장하고 섬세한 도리스 지방의 양식과 스타일 있고 우아한 예배당 작품 이후로 로렌츠는 고전적인 양식을 따르기 보다는 북유럽계의 낭만적인 취향을 따라가게 된다.

The coarseness or brutality of sticking rectangles of glass to the wall with putty increases the already powerful rustic feel of the exterior. The effect is decidedly primitive.

Janne Ahlin's impression, quoted at the start of this article, is very accurate in my opinion. Based on my personal experience, I would add the impression of an unpretentious industrial unit or building.
But this is more when one sees the building from a certain distance, from the road, among the trees, before having visited it. Few buildings have given me such an intense feeling of aesthetic intensity. And in few cases have I been so surprised by the difference between the exterior expression and the strength of the interior.

Lewerentz had accumulated considerable experience with funerary architecture: cemeteries, cemetery chapels, etc. He was very familiar with the world of effects, ever since a work in his already distant youth, the Chapel of the Resurrection in Stockholm's Woodland Cemetery (1925).
However, since the sophisticated, exquisite Doricism and stylised elegance of that chapel, Leweretz had evolved along other lines that derived from the Nordic Romantic movement rather than in a classical direction.

8

6. Wall detail / 벽면 상세
7. Skylight detail / 조명시설 상세
8. Font / 세례반(교회의)
9. Interior / 건물내부
10. Entrance facade / 진입부 전경

9

He was drawn by the potential of the building materials, under the effects of the light and as part of a landscape From 1943, when he was 58, with his beautiful chapels of St. Knut and St. Gertrude in Malmo's Eastern Cemetery, Leweretz arrived at his extraordinary St. Mark's church in Bjorkhagen.
St. Peter's in Klippan brings the work of this architect to a close with a degree of sensitivity that can scarcely be equalled in Swedish architecture.

To end, I think that it is interestinb to point out again just how difficult it is to create spaces of deep intensity and emotion. Surprisingly, this is true even when the building in question is a place of worship, which is always more receptive towards proposals to facilitate this emotion.

That is why I believe that St. Peter's in Klippan well deserves to be visited and reflected on, in a world such as today's where the media and images on paper seem to exhaust the works of architecture, irrespective of the effects that the person who visits the work experiences.

Architect, Professor of Architectural Composition, UPV/EHU

그는 빛의 효과와 지형의 일부분으로서의 건축재료의 잠재력을 깨닫게 된다. 로렌츠가 새로운 건축의 미를 느끼게 된 58세, 즉 1943년 이후, 세인트 너트나 북쪽 예배당인 말모에 있는 세인트 게르투르드 등의 건축물보다는 비요르하겐에 있는 세인트 마크 교회와 같은 특이한 건축물을 짓기 시작한다.
클리판에 있는 세인트 피터 교회건축은 스웨덴 건축의 뛰어난 감수성을 따라잡는 업적으로 남아있다.

나는 끝으로 깊은 정렬과 감정을 느낄 수 있는 공간을 만들어내기란 대단히 힘들고 어려운 작업이라는 것을 다시 한번 강조하고 싶다.
놀랍게도 예배하는 공간과 같이 다른 공간보다 감정을 자극하는 요소들을 잘 불러일으킬 수 있는 곳이라 하더라도, 실제로 정렬과 감정을 느낄 수 있는 공간을 설계해 낸다는 것은 어려운 일이다.

이것이 바로 왜 클리판에 있는 세인트 피터 교회를 꼭 한번 방문해 보아야 하는가에 대한 이유이다. 그리고 미디어 등과 같은 여러 매체에서 어느 장소에 대한 광고가 너무 잘되어 있어 기대를 걸고 갔을 때, TV에서 본 것이나 인쇄물에서 본 것과 달라 실망을 하는 경우는 매우 흔한 일이다. 그러나 이 건물의 경우 미디어를 통한 소개에서 본 화면이 실물만 못하다는 것을 느끼게 될 것이다.

건축가 · 건축협회 교수, UPV/EHU

10

Urban Expansion Landscapes and Objects. Changes in the urban landscape of Santiago de Chile and its coastline

This article attempts to describe the major changes in the urban landscape of Santiago de Chile and its coastline mad the forces that are changing it.
The viewpoint os critical rather that objective.
It mainly addresses the contradictions between the traditional, static architecture of the housing developments and the development of new, dynamic, constantly changing urban centers.
Both share the same logic of attracting consumers.

• Changes in the structure of the landscape

The urban and rural landscape of Santiago de Chile is mutating. The accelerated growth of the city edges over the past few decades[1] is defining new landscapes and objects, changing the way of inhabiting and understanding the land.
These changes are based on the market economy, which fosters deregulation and privatization, and on political decentralization, which is manifested through the competition between municipalities to attract investment.
Liberalization of the urban land markets and the retreat of the State during the 80s and 90s[2], in a context of growth within the country, economic globalisation and the strengthening of private property rights, stimulated the rise of a strong private real estate development sector.
Maximizing urban capital gains has established itself as the dominant town planning criterion, acquiring such a force that it is capable of overwhelming many of the regulations that still exist.
As a result, a fragmentary urban construction process has prevailed and the main new urban projects are the result of isolated private initiatives, decided on the basis of the anticipated profits from each of the respective enterprises.
Plans are no linger reliable and land is viewed in terms of individual projects.
The notion of city has shifted from developing a community, giving priority to the collective sphere, to a sum of individual wishes, encouraging privatization of the public sphere.

This has caused a change on an area-wide level. An infinity of spatial and landscape propositions have emerged, both in Santiago and along the coast, in a succession of new developments between Santo Domingo to the south and Zapallar to the north. These encompass the densification of the central districts, where new, exclusive sectors have been created, and the transformation of the countryside, ranging from simple, pleasant plots (houses on a small piece of land, generally half a hectare) to large residential districts structured around landscape features, mainly parks, golf courses, etc.

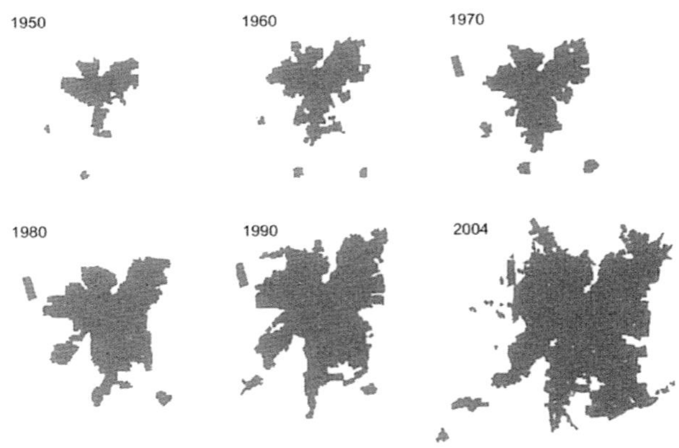

What is interesting about this phenomenon, which is hardly new, is its scale, autonomy and ambition. Mega-projects seek to transform rural or urban areas totally in a short time, modifying the existing landscape and restructuring and increasing the value of entire sections of the city and the coast.

These projects have very similar features in terms of location (autonomous and inward-looking), management (private) and image (design and surroundings as their marketing strongpoint).

This type of mega-project on a neo-traditional urban pattern works on the tabula rasa or bare slate principle. Its town planning arose out of the process of economic growth in the late 20th century: urban components defined by big capital, private or public, which transforms and controls large areas of land and enjoys the income.
In this context, new types of land occupation have emerged. While their landscapes lay claim to a great diversity of genealogies, the same cannot be said of the architectural objects which are scattered in every direction throughout the Santiago metropolitan region and its coastline.

• Sub urbanization landscapes

This is what Peter Rowe calls the Middle Landscape[3], an area that is subject to radical transformations, where any relation to traditional urban or rural forms disappears, created out of itself on a new frontier of exurban changes.

지형과 사물의 도시적 팽창. 칠레 산티아고 도시지형의 변화와 해안선

이 기사는 칠레 산티아고의 도시지형과 해안선의 변화 그리고 이와 같은 변화를 실행시킨 원인에 대해 묘사한 것이다.
하지만 이 묘사하는 관점은 객관적이라기보다는 약간 비판적인 입장에 가깝다. 이 기사는 칠레의 전통적이고 변함없는 건축물과 현대의 발전되고 역동적인, 대단히 도시적으로 변한 건축물 사이의 모순을 끊임없이 이야기하고 있다.
대립되는 두 관점은 모두 다 소비자를 사로잡는다는 점에서 공통적이다.

● **지형 구조의 변화**

칠레 산티아고의 도시와 교외의 지형은 모두 변화되고 있다. 최근 몇 십년간 도시의 급격한 성장은 새로운 지형과 사물에 대한 정의를 내리고 있고 주거방법과 토지에 대한 이해도 변화시키고 있다.

이러한 변화들은 규제완화와 사유화가 강화된 시장 경제 원리를 바탕으로 하고 있다. 그리고 지방자치단체들 사이의 경쟁을 통해 투자를 이끌어내기 위한 정치적인 지방분권화에 그 원인을 두고 있다.

자국 내에서의 성장, 자본주의의 국제화, 그리고 개인의 소유권 강화라는 문맥 내에서 이루어진 도시 토지시장의 자유화와 80-90년대 정권의 퇴각은 사유 부동산 분야에 커다란 성장을 불러일으켰다.

도시의 자본을 최대화 시키는 것이 지역개발계획에 있어 가장 지배적인 평가기준이 되었고, 이는 아직까지 남아있는 많은 규제들은 도시의 자본을 성장시킨다는 목적 아래 무시되고 제압되었다.

그 결과, 부실한 도시 건축이 점차 확산되었고 새로운 주요 도시계획들은 각 기업들이 자신들의 최대 이익만을 생각하며 만들어낸 그들

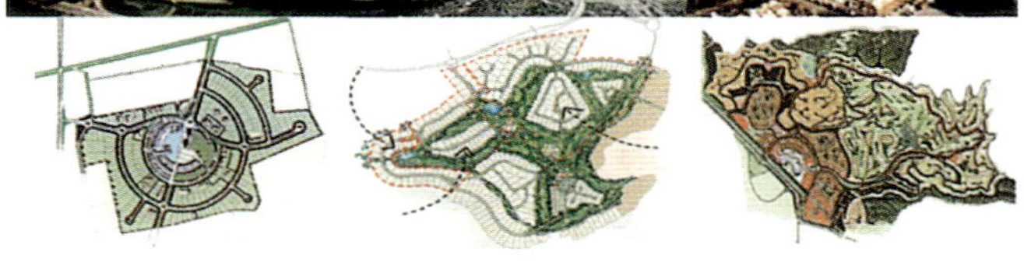

의 사유재산으로 이루어낸 첫 번째 결과물이다.

계획은 더 이상 신뢰성이 없게 되었으며, 토지는 개인적인 프로젝트라는 관점으로 비춰지게 된다. 도시에 관한 개념은 공동체를 개발하고 공동체의 이익을 우선시 하는 것으로부터, 공공장소의 사유화와 개인적인 취향을 담는 개념으로 편질되었다.

이것은 전역에 걸쳐 변화를 야기시켰다. 산티아고와 그 해변을 따라 이어지는 새로운 개발은, 남쪽으로는 산토 도밍고, 북쪽으로는 자팔라 사이에 끝없는 개발로 전개되었으며 이로 인해 산티아고와 해안선 모든 공간과 지형에 대한 계획단이 생겨났다.

이러한 새로운 개발벨트는 배타적인 구역이 형성된 중심도시를 부각시키도록 되어 있다. 그리고 단순하게는 한 가구를 차지하는 최소단위의 토지에서부터, 넓게는 거주지역을 포함한, 주로 공원이나 골프장 등에 이르기까지 지형의 특징을 강조하고 있다.

이러한 현상에 있어 새로운 것은 아니나 흥미로운 점은, 이것의 규모와 자치권 그리고 그것에 대한 앞으로의 계획이다. 거대 규모의 프로젝트는 전원과 도시지역의 토지사용을 단시일 내에 기존의 토지사용을 변화시키거나 재구성 하는 것, 그리고 도시 전체와 해안역의 가치를 증대시키는 것 등으로 바꾸는 것이다.

이러한 프로젝트들은 자치적이고 내부적이라는 면에서 위치선정의 방법과 사유적이라는 면에서 경영방법, 그리고 그들의 마케팅 쪽에서 가장 잘 팔리는 디자인과 배경만을 내놓는다는 면에서의 이미지 형성방법, 이 세 가지 측면에서 매우 유사한 특징을 보인다.

이런 거대 프로젝트들은 신 전통주의적 도시 패턴들을 거의 백지상태이거나 아무 것도 없는 원칙 하에서 작업을 진행하게 된다.
20세기 후반 이와 같은 지역개발계획은 경제성장이 진행되면서 자연스럽게 따라 일어났다: 넓은 지역의 토지를 바꾸고 제어하며 그것에 의해 들어오는 공공의, 또는 사적인 수입을 즐기는 대자본에 의해 정의되는 도시적 요소와 같은 것이다. 이러한 맥락에서 새로운 유형의 토지사용방법이 등장하게 되었다.
그들의 지형은 커다란 다양성을 추구하는 반면, 산티아고의 도시와 해안선 지역에는 다양하지 못한 비슷한 건물양식들이 나타나는 것을 볼 수 있다.

● **도시화되는 지형**

이것이 바로 피터 로베가 급격한 변화 속에 있는 지역, 중간 지형이라고 부르는 것이다. 이곳에서는 전통적인 전원이나 도시의 형태가 사라지고, 전원지대가 도시화 되어가는 새로운 변경지역(준 교외지역)이 나타난다.

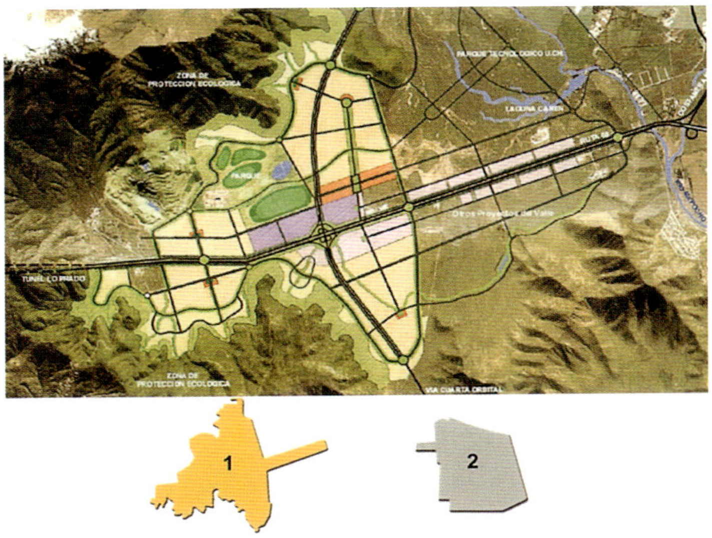

Seeking their own reality and context, most of these projects are sited on the periphery of Santiago, adapting the area and modifying its geography and neighbouring projects.

Formally, these would appear to be delicate operations in traditional urban design, but when we look at their scale we realize that these components are the size of an entire town. The instant reaction is panic, as the implications for the shaping of a coherent, integrated urban image sink in.

Formally and programmatically they appear to be a single unit, responding almost entirely to a single use, housing, with no apparent concern for diversity and the future development of the urban structure. Paradoxically, it would appear that these projects are not based on an urban study but on the control of a large area of land or a large market area.

Time is a decisive factor in this type of project, as their building dates are lengthy and there is normally a certain incoherence between their stages and the end result. As we all know, changes at this scale are the result of a combination of very diverse projects and minor urban works, so the intervening process creates a half-built territory, a shell, a sort of puzzle that will only be comprehensible when the longed-for final stage is built.

This generally happens 20 years on, without taking into account the changes and adjustments of society over this time, thus making it obsolete.

As for the logic of their siting, this works at an individual level: each person or business bears the location costs, a combination of land prices and travelling times to services, etc.

• Mega-developments

The new private districts and condominiums exploit the suburban image of the United States, selling security, tranquillity and social and financial homogeneity. This homogeneity is reflected by the typology of the developments, houses and vehicles.

Morphologically, they follow the garden city concept, structured around monumental axes that are considered as landscape units, with green areas or sports facilities and family homes that gradually diminish in house and plot size as the purchasing power of their inhabitants decreases.

Normally the design in self-referential. The monumental geometry attempts to give an image of progress that will impress and create expectations among their possible consumers.

The latest developments tend to create closed neighborhoods with a landscape that reflects the idea of security, isolation and control, breaking the continuity of the urban grid. The same can be said of the houses, which ate closing themselves off to the street, favouring a car-based relationship with the exterior and reducing social interaction to a minimum. The edges of these developments have become blank walls that turn their vast backs on the neighbouring streets or adjoining wastelands.

The higher-income sectors, propelled by their marked preference for detached family homes, and also by their inclination to place as much distance as possible between their place of residence and the masses, intensified their move towards the rural areas to the east of the city, mainly towards the foothills of the Andes, and in recent years to certain exceptional spots on the northern and southern edges, generally appropriating the areas of greatest beauty and geographical quality.

These are the places with the most varied landscaping, ranging elements to more organic designs planted with native species, brought in from other places, obviously, to create the desired landscape design. As for the architectural objects, these are where the greatest variety is found, although that is a far cry from quality.

In these developments, the projects have to be approved by a committee, normally the owners or architects of the developments as a whole. Consequently, the best works are concentrated in just a few developments, the more 'liberal' or 'vanguard' ones, which are usually an exception.

The Chicureo valley, to the north of Santiago, is an example of their cultural dissociation. A property development group bought 1300 hectares of countryside and created the Piedra Roja project, which aims to have 63,000 inhabitants in 20 years' time.

Its structure is based on 5 landscape units. Each is organised around a hierarchical feature: a golf course, a lake, a riding club, a park and a linear axis that is defined as a civic centre. The layout dissociates them from each other: the only links are the major road infrastructure axes, only the unit designated as civic centre has any services and the only facilities in the other units are related to their respective hierarchical features.

The most curious thing is hat the civic centre area will be the last to be built, so the plots will have no services for nearly 14 years.

As for the architectural objects, the offer of Provencal and colonial style houses is a reflection of the conventional images of the model that the powerful property agents have instilled into Chilean purchasers.

The projects for new residential districts are sited on the peripheries because of the opportunities for property developers to buy land at agricultural prices. This has given rise to a socio-economic classification of these peripheries.

The upper segments are found to the east and north while the middle-income families have settled on the edges of traditionally working-class (low-income) areas to the west and south-east of the city.

The typology of the latter rather resembles the classic configurations of the US suburbs, without much exploration of landscape or morphology. The objects have become a summation of standard houses in a particular classic style, differentiated only by changing their position in the plot or simply by their materials or colour.

In this type of city configuration, the concept of beauty is directly related to purchasing power. It is therefor considered normal for beauty to be absent from working-class areas: there is an unexpressed consensus that the poor "cannot pay for beautiful spaces", so it is accepted that poorer districts are uglier and more monotonous.

Unlike residential location, the typology of flats has not yet undergone the same innovation and they continue to be built in the more traditional 'styles', barring a few exceptions, normally

그들 자신만의 배경과 실체를 모색하면서 대다수의 프로젝트들은 그 대상부지와 접하고 있는 프로젝트들에 동화되고 그 지역에 적응해가면서, 산티아고 주변부에 자리 잡아가고 있다.
명백하게 이것들은 전통적인 도시디자인의 섬세함을 요하는 작업이 될 것이다. 그러나 우리는 이 규모를 보았을 때 이러한 요소들이 지역 전체의 규모라는 것을 깨달았다. 주로 처음엔 동질적이고 단합된 도시적 이미지를 형성하는 것에 실패하여 혼란스러워 하는 반응을 보이기도 한다.
형식상 그리고 프로그램적인 측면에서 그들은 한 개의 단위로만 보이며 주거목적 이외의 의도는 없어 보인다. 이 건축물들은 다양성과는 거리가 멀며 미래의 도시구조에 대한 고려는 전혀 이루어지지 않고 있다.
역설적이게도 이러한 프로젝트들은 도시적 연구에 근거한 것이 아니며, 대규모의 시장지역이나 넓은 규모의 토지에 그 기반을 두고 있는 듯하다.
시간은 이러한 종류의 프로젝트에 있어 가장 중요한 요소로 작용하는데, 이는 시간이 지남에 따라 단계별로 건물의 양식들이 일치하지 않게 되고 결국 처음 단계에서 지은 건축물과 마지막 단계에서 지은 건축물이 서로 일치하지 않게 되기 때문이다. 우리 모두가 알고 있듯이 이 규모에 있어서의 변화는 매우 다양한 프로젝트들의 결합과 여러 가지 사소한 도시연구에 의해 이루어진다. 따라서 이러한 과정에 개입하는 것은 건축이 완성되는 마지막 단계에 이르러서 이해 가능한 반만 완성된 지역, 단지 건물 울타리나 퍼즐 조각과 같이 건설이 완성되는 마지막 단계에서나 이해 가능한 형태를 만들어낸다.
이것은 일반적으로 사회의 변화와 적응을 고려하지 않는다면, 앞으로 20년 정도에 걸쳐 진행된 후 결국 퇴화하게 될 것이다. 그들의 위치선정에 대한 논리에 따르면 이러한 것들은 개인적인 수준에서 발생된다 : 각 개인이나 사업체들은 위치선정 비용, 토지이용 비용, 서비스 시설 등을 이용하기 위해 이동하는 시간, 그리고 설비 등을 감수하게 된다.

● 대규모 개발사업

새로운 사유지역과 분양아파트의 경우 미국도시의 주변경관과 보완경비업체, 조용함의 정도 그리고 사회적 경제적 균질화를 반영하여 설계하게 된다. 이러한 균질성은 개발정도와 주택 그리고 교통수단의 수준에 따라 그 유형이 반영된다.
형태학적으로 그것은 지형의 한 단위를 이루는 유적지를 주축으로 하여 설계되는 전원도시의 개념을 따랐다. 이는 점차 주택에서 감소하고 있는 공간인 녹지공간이나 운동시설에 대한 확보요구와 거주자들이 작은 부지를 희망하는 구매력은 감소되고 있다는 점 등에서 알 수 있다.

보편적으로 디자인은 스스로에게 참고가 되는 것이다. 기념 건축물의 외형은 소비자들에게 깊은 인상을 줄 수 있으며, 기대감을 부여할 수 있는 이미지 형성을 구축해내기 위한 시도를 멈추지 않고 있다.
가장 최근에 이루어진 개발은 현재까지 지속되어 온 도시 설계적인 면을 타파하여, 안전성과 격리 그리고 통제를 계획하여 폐쇄적인 이웃관계의 형성을 시도하였다.
사회적 상호작용을 최소한으로 줄이며 차를 이용해야만 외부와의 관계를 형성할 수 있을 정도의 아주 멀고 폐쇄적인 이웃관계를 만드는 집들도 있다. 이러한 최근의 개발추세는 이웃들과의 사이에서 등을 돌린 채 쓰레기장만을 공유하는 삭막한 관계로 변하는 장애에 부딪히게 되었다.
부유한 지역의 가정일수록 도시에서 떨어져있는 주택을 선호하며, 가능하면 복잡한 지역에서 자신의 가정을 멀리 떨어뜨려 놓기를 원한다.
이와 같은 선호도가 그들을 도시 동쪽에 위치한 안데스 산기슭의 전원지역으로 이주하도록 만들었으며, 최근 몇 년간은 가장 전망이 좋고 지형학적으로 위치가 뛰어난 북쪽과 남쪽지역의 이주가 이루어졌다.
이러한 장소는 매우 다양한 지형으로 구성되어 있고 타 지역에서 가져온 여러 가지 생물의 토착종을 이용해 만들고자 하는 지형과 조경설계를 하기에 적합하다. 물론 건축적인 측면에 있어서도, 질적인 면에서는 좀 떨어지긴 하지만 다양성이 존재하는 곳이라고 할 수 있다.
이와 같은 개발프로젝트는 그 지역의 토지 소유주와 건축가로 구성된 협회의 승인을 얻어야만 진행될 수 있다. 결과적으로 최고의 작업은 좀 더 개방적이고 선구적인 지역에서만 집중되게 된다.
산티아고 북부에 위치한 Chicureo 계곡은 문화적 고립지의 대표적인 사례 지역이다. 지역개발을 담당한 그룹은 1,300 헥타르의 토지를 구입하여 Piedra Roja 프로젝트를 구성하였는데, 이는 향후 20년간 63,000명의 거주자를 끌어들이는 것을 목표로 삼았다.
이 프로젝트의 구조는 5개의 지형단위로 이루어진다. 각각의 분야는 골프장, 호수, 승마장, 공원 그리고 단지의 중심에 위치한 도심 등 계층적인 특성을 갖는 구성이다.
이 지형들은 각각 연관되지 않은 독립된 지역에 위치할 것이며 이들을 연결하는 유일한 지형은 단지 중심에 위치한 도심지역이 될 것이다. 가장 흥미로운 사실은 이 중간에 위치하는 도심지역이 가장 마지막으로 건설될 것이라는 점이다.
그러므로 타 시설들은 무려 14년간 서로 연결되지 못하게 될 것이다. 건축물의 경우, 프로방스와 식민지풍의 주택들이 위치하고 있는데 이와 같은 건축물이 등장하게 된 이유는 권력이 있는 부동산 매매업자들이 칠레의 소비자들에게 구매를 권유했기 때문이다.
새롭게 진행되는 주거지역 개발프로젝트들은 대부분의 경우 시 외곽에 위치하고 있는데 그 이유는 개발자들이 지역개발 프로젝트에 필요한 땅을 외곽지역에서 비교적 저렴하게 구매할 수 있었기 때문이다. 이와 같은 비용문제로 시 외곽지역에 사회 경제적인 등급이 생겨나는 결과가 초래되었다.

associated with the highest-income groups. The greatest innovations in design are found in the private facilities in these new areas, where formal and programmatic experiments aim for status and an image of modernity and efficiency.

• Landmarks of the new landscape

The changes in the typology and location of the suburban developments have introduced new objects, of dimensions and scales hitherto unknown in Santiago. Modern service installations have appeared to complement these areas: malls, business districts, airports and industrial estates have been transformed into symbols of modernity and efficiency and are completing the consolidation of the new landscape. Their external codes give physical form to social and cultural changes and encourage the public to accept these.
Such objects have become urban landmarks, symbols of progress and modernity, and play a fundamental role in structuring the new city and its image. They have consolidated new centres of development that attempt to compete with the old centre, strengthening a large property market for the middle and middle-upper sectors.
The changing extent and morphology of the city, the rise of the detached house, the increased distances and reduction of density make it impossible for the street to continue as the public or commercial space or promenade.
If to this we add the scale of the great new urbanized stretches with no historically -established centre, the context is ideal for the MALL to move in and fulfil a hierarchical role in the structure of the new districts. At the same time, the (new) suburbs generally do not manage to combine a diversity of public spaces, which makes the mall even

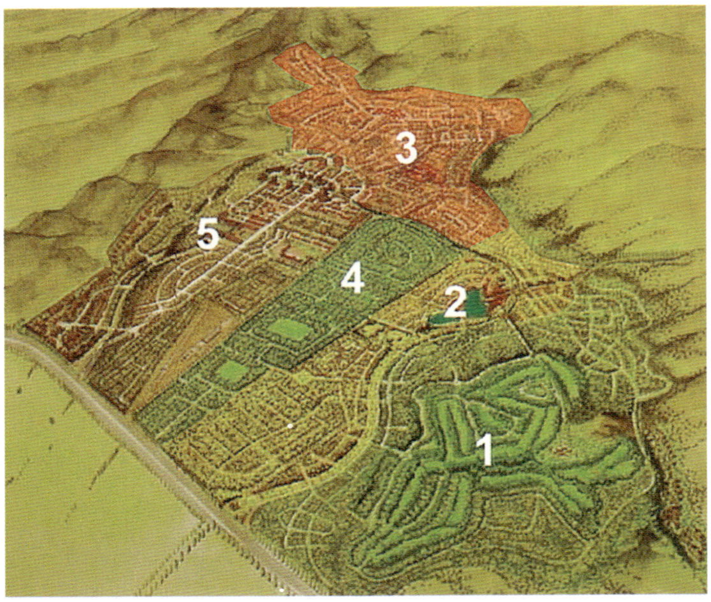

more important and central.
The malls have consolidated their position as the new urban centers. A considerable number of retail and service activity are concentrated within them, making them th public space par excellence of these zones. Unfortunately, they are subordinated to the concept and form of profitability. To foster this character, they have included leisure and culture their plans: the well-known multi-screen cinemas, theme parks, libraries, art exhibition galleries, medical services, concert halls, even a university.

The emphasis is no longer on the products offered but on integral satisfaction of the new needs of the consumers, in attempt to appropriate the image of a civic centre in suburb areas. A great business opportunity, but one that is superimposing itself on the traditional city, creating urban problems due to the speed of their expansion and, at the same time, presenting changes and new needs that the context is not always able to absorb.
Located at the crossroads of major transport infrastructures they achieve greater and speedier interconnection with their respective market areas, manage to establish areas of central concentrate a vast accumulation of capital and are mainly geared to services that are continually innovating and mutating, making fundamental changes as a means to compete and attract urban activity.

The location and design of these objects is based on pre-established rules, defined by the sales potential per m^2. The are structured through 3 strategic points: catchment area, accessibility and mix.[4]

The catchment area is the area from which consumers will attracted to the new centre. It is defined as a maximum distance of 30 minutes' travelling time for a regional mall a 15 minutes for a local shopping centre. This virtual area may a series of ovals according to the speed of the transport networks that connect with the mall, modified by day and time. Their competitiveness is determined by the availability of services in the area, so they seek out areas where these needs are not met, normally the new areas of expansion. The modifies the smaller pre-established commercial systems, which are usually organised in a more traditional way around squares, commercial streets and fairs.

Access is fundamental: by the main road networks of the potential catchment area, with clear, visible entrances and a high availability of parking spaces within the precinct.
The mix and the physical image of the project is based on a socio-economic analysis of the potential consumers. The size brief and architecture of a mall reflect demand, the type of consumer and life-style, which is set as more or less the same but differentiated by purchasing power.

경제적으로 부유한 계층의 주민들은 동쪽과 북쪽지역에 모여 사는 반면, 경제적으로 부유하지 못한 계층의 주민들은 도시 서쪽과 동남쪽에 거주하게 되는 현상이 나타나고 있다.

또한 이 지역의 상징물들은 지형이나 경관조사가 이루어지지 못했기 때문에 미국 외곽지역의 상징물들과 크게 다르지 않는 형태로 나타나고 있다. 집의 구조는 클래식한 스타일을 따르고 있으나, 다양성을 추구하기 위해서 그저 색채와 배치 등을 바꾸는 정도일 뿐이다.

이와 같은 도시구조에서 아름다움의 개념은 구매력과 직접적으로 연관되어 있다. 그렇기 때문에 부유하지 못한 지역에서는 아름다움을 찾아보기 어려운 것이다. 오히려 부유하지 못하기 때문에 "아름다운 공간을 구매할 수 없다는 것"은 암묵적으로 동의된 사실이며 부유하지 못한 지역일수록 아름답지 못하다는 것은 사회적으로 동의된 사실이다.

주거지역과는 다르게 타 지역에서의 유형학은 최고 상위 수입계층 몇몇을 제외하고는 발전을 이루지 못하고 전통적인 스타일의 건축물들이 지어졌다. 디자인 부문에 있어서 최고의 발전은 사유의 설비시설물에서 발견되는데, 이와 같은 건축물은 근현대적인 이미지와 실용성을 강조하여 만들어졌기 때문이다.

● 새로운 지형의 랜드마크

유형학의 변화와 외곽지역의 위치변화는 산티아고에는 알려지지 않았던 새로운 개념을 도입시켰다. 이와 같은 지역을 보완하기 위하여 생겨난 쇼핑몰, 경제구역, 공항 그리고 공단지역들은 이제 지역의 실용성과 근현대화의 상징물이 되었다. 이것들의 외형은 문화와 사회적 변화를 대변하고 있었고 대중들에게 이와 같은 변화를 수용해주기를 권유했다.

이와 같은 상징물들은 새롭게 태어나는 도시와 현대화의 상징물이 되는 새로운 랜드마크가 되었고, 새로운 도시와 그 도시의 이미지 구축을 위한 근본적인 역할을 하였다. 그들은 구 도심지역과 새롭게 개발되는 도심지역을 합병하여 중앙과 중상부에 위치한 부동산 시장을 강화시켰다.

도심과 분리된 거주지역과 같은 도시의 형태학은 거리들이 공공장소나 상업지역까지 이어지는 것을 불가능 하게 하였다. 신도시에는 역사적인 도심지역이 없기 때문에, 쇼핑몰이 주거지역까지 들어오는 것은 도시의 중심지역으로 작용한다는 측면에 있어 바람직하다. 또한 이와 같은 외곽 거주지역의 경우 공공장소의 다양화가 미흡하기 때문에 쇼핑몰의 역할은 더욱 더 필요한 상황이다.

쇼핑몰은 이제 신도시의 중심으로 거듭나고 있다. 많은 양의 활동들이 이곳에 집중되어 있기 때문에 쇼핑몰은 매우 중요한 공공장소로 부각되고 있다. 하지만 이러한 시설들은 개념 자체를 중시하기보다는 수익성에 초점을 맞추고 있다는 것이 문제이다. 이와 같은 문제점을 보완하기 위하여 영화관, 테마공원, 도서관, 미술관, 의료시설, 콘서트 홀, 더 나아가 대학과 같은 문화시설이나 레저시설 등을 쇼핑몰의 시설에 추가해야 한다.

소비자들은 더 이상 제공되는 제품에 비중을 두지 않는다. 이들은 외곽지역에 필요한 도시의 중심을 필요로 하는 새로운 욕구를 만족시켜 줄 수 있는 것에 관심을 갖고 있다. 이와 같은 기회는 상업적으로 굉장히 유리한 기회라고 할 수도 있지만, 전통적인 도시와 별 다를 바 없는 문제점들을 파생시킨다. 또 너무 급속하게 성장하는 도시에서 생겨나는 문제점을 안고 있으며, 늘 수용하기 어려운 변화를 추구하게 되는 문제점 또한 갖고 있다.

주요한 운송시설이 교차하는 장소에 위치하고 있기 때문에 이 지역들은 좀 더 빠르게 상업지역과 연결될 수 있었고, 따라서 도시의 중심으로 빠르게 성장할 수 있으며 많은 양의 자본을 유치할 수 있었다. 이와 같은 시설은 서비스업에 비중을 두고 있으며, 항상 변화하고 창조되어 새롭게 변화되어 가는 도시의 활동들을 그 곳으로 유인해낼 수 있다.

이 지역의 위치설정과 디자인은 ㎡당 잠재적인 가격을 기본으로 하여 정해지게 된다. 이는 세 가지 전략적인 요소에 영향을 받는데 이는 통학범위, 접근성, 그리고 그것들의 결합을 바탕으로 결정된다.

통학범위(Catchment Area)란 소비자들이 새롭게 생긴 도심으로 이끌릴 수 있는 영역을 말한다. 지역적인 쇼핑몰의 경우 30분 안에 도달할 수 있는 거리에 있는 지역을 의미하며 동네의 작은 쇼핑몰의 경우 15분 안에 접근할 수 있는 거리 내의 지역을 말한다. 이와 같은 가상의 테두리는 낮과 밤마다 바뀌는 운송체계의 속도 등에 의해서도 좌우되기 때문에 쇼핑몰의 경쟁력은 이와 같은 catchment area를 얼마나 많이 확보할 수 있느냐 하는데서 비롯된다

그들의 경쟁력은 그 지역 내의 서비스 가능 여부에 달려있기 때문에 이러한 조건을 충족시키는 지역을 추구한다. 이에 따라 전통적인 방식 안에서 형성되었던 광장 주변의 상점가와 시장 등 소규모 상업시스템은 수정되게 된다.

접근성은 기본적인 요소이다. 앞서 말한 통학범위와는 큰 대로로 이어져 있어야 하며, 어느 곳에서 보더라도 눈에 뜨일 수 있는 입구와 주차장이 마련되어야 손님을 끌어들일 수 있다.

프로젝트의 외관적 이미지와 결합은 잠재적인 소비자의 사회 경제적 분석을 바탕으로 이루어졌다. 쇼핑몰의 건축물이나 규모는 구매력과 직접 관련되어 있는 소비자들의 생활습관과 요구가 반영되기 때문이다.
이와 같은 반영도는 쇼핑몰과 같은 도시 중심부의 면적(㎡) 성장을 봤을 때 확연히 드러난다. 1989년경 산티아고의 중심가는 80,000㎡에 불과하였지만 현재는 1,350,000㎡나 된다. 또한 1993년경 쇼핑몰에서 이루어지는 거래는 5%에 불과했으나, 지금은 21%를 웃도는 상황이다.

형태적으로 보더라도, 미국식의 상자와 같은 건축물은 사라져버렸다. 오히려 가로수길과 광장 등 주변 경관과 연관지을 수 있는 환경친화적인 건축물들로 바뀌어가고 있다.

This is clearly reflected by the m^2 growth of this type of centre. In 1989 Santiago had no more than 80,000 m^2 total, whereas today the figure is nearly 1,350,000 m^2. In terms of retail sales, in 1993 the market share of the malls was 5% and currently it is 21% and rising.[5]
Morphologically, the classic US sealed box is being destroyed. The exterior is being brought in and boulevards and squares are creating a relationship with the surrounding urban context.
The Plaza Vespucio mall is probably the best known in Santiago. It was built in 1990 on the south-east edge as a classic US mall, with parking, 2 anchor stores and access only by car, totally closed-off to its urban surroundings, It has now been transformed into an urban centre covering over 17 hectares, with a metro station, a boulevard, a restaurant centre, medical centre, sales area, car workshops, etc. A variety of retail outlets, services and high-rise housing have concentrated in and around it, serving practically the entire north-east sector of Santiago. The most interesting change is that it cannot now be imagined as functioning without its relations with its immediate context, a network of exterior pedestrian public spaces that have been created to connect and articulate the various parts of this urban component.
In essence, these morphological changes respond to the need to give users a traditional image of commercial streets, places of encounter, identity and belonging, conceptually public space. This is why the traditional architectural language of public spaces has been used, though adapted to the spaces and scales that structure the circulation areas of this type of construction, while maintaining the characteristic climate control, security and social segregation and the iconography of spectacle and decoration.
Meanwhile, new business parks and service and industrial nuclei have also sprung up, usually specialized or complemented by mega-sized residential projects. Formally, the most suburban of these correspond to the idea of a garden city, noteworthy for their landscape design and the quality and size of their objects. In more central areas they stand out because their corporate buildings vertically signal certain sectors of the city.

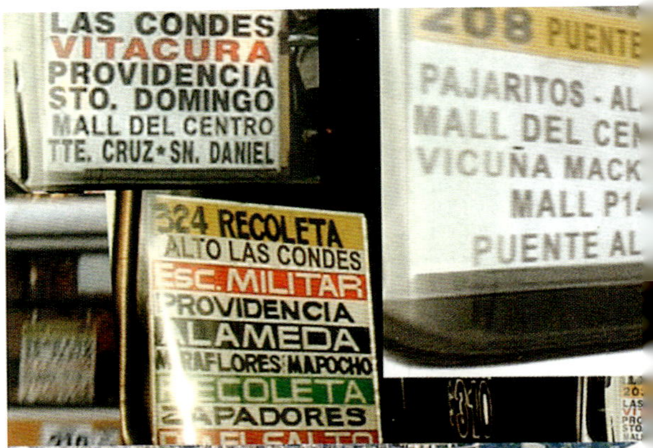

• Final reflections

It is obvious that the landscape and its objects are undergoing great changes, restructuring physically and functionally and polarizing, segregating and segmenting the social structure still further through a process of suburbanization, accentuated by the emergence of new urban centers.
The collection of transformations that are shaping the area reflect free market policies and take North American cities as their model. They are the physical expression of the new social power of private capital. We cannot class this process as either positive or negative but must face up to it, bearing in mind that this is the logic that sustains expansion.
The process of change is a contending mixture of traditionalism and detachment. The traditionalism is largely seen in the form and in the provision of the services on which they draw. But the greatest detachment is from our way of making and living in the city.
As town planners and architects, we have become detached from its meaning, both ethically and aesthetically. Good architecture should be an act of innovation rather than a response to the established customs that are infiltrating our cultures globally and building these new areas that marginalize us from the shaping of the landscape, define our quality of life and shift the discussion of the architecture of the city to the scale of small individual objects that are incapable of constructing a concept of urban habitat.

Our greatest challenge lies precisely in what we have accepted, in winning back our territory and fostering the privileges and resources that will enable us to discuss cities for the future of our urban population on the basis of our different realities and opportunities.

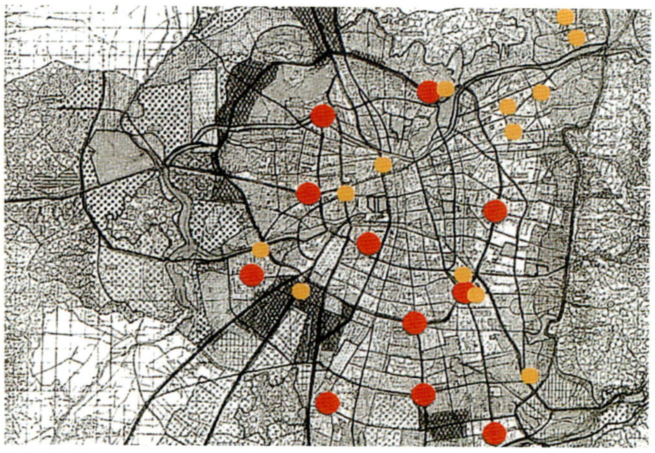

산티아고에서 가장 유명한 쇼핑몰은 Plaza Vespucio 몰이다. 이 쇼핑몰은 1990년 경 미국의 쇼핑몰과 흡사한 형태로 지어졌으며, 주차시설과 2개의 고정된 상점을 갖추고 있었다. 도심에서 완전히 벗어난 동남쪽에 자리하고 있기 때문에 차량을 이용하지 않고는 접근할 수 없는 위치에 있었다. 하지만 이제는 도시의 중심으로 거듭나서 17ha가 넘는 영역을 차지하고 있으며 지하철 역, 식당가, 병원, 상업가, 자동차 판매점 등이 주변을 둘러싸고 있다. 또한 옷이나 가구 등과 같이 필요한 모든 것이 이 쇼핑몰에서 취급되고 있기 때문에 산티아고의 동북지역 전체를 책임지고 있다고 해도 과언이 아니다. 가장 흥미로운 변화는 당초에는 기존 도시와 동떨어진 지역에 위치하던 이 쇼핑몰이 이제는 도보로 걸어 다닐 수 있는 길과 장소로 모두 연결되게 되었다는 사실이다.

이와 같은 형태학적인 변화는 소비자들에게 전통적 이미지의 상점가, 만남의 장소, 정체성과 대중들이 공유할 수 있는 장소를 제공하는데 있다. 물론 이와 같은 장소들의 규모와 상징물, 보안이나 온도조절 등은 쇼핑몰의 규모에 맞게 재조정 되었지만, 기본적으로 전통 건축물들이 자리하고 있는 이유 역시 소비자들의 공감을 얻기 위한 것이라 할 수 있겠다.

반면에 초대형 주거 프로젝트와 더불어 새로운 비즈니스 공원이나 서비스업 그리고 산업중심 등이 보완 및 전문화를 통해 큰 인기를 얻고 있는 실정이다.
형식적으로는 대부분의 외곽지역은 전원도시의 아이디어를 반영하고 있으나, 각각의 목적에 맞는 규모와 질 그리고 지형디자인에 주목하고 계획되고 있다. 그렇기 때문에 이와 같은 요소들을 갖춘 건물이 도심지역에 위치하여 있다면 주목을 끌 수밖에 없는 것이다.

● 결론

지형과 건축물들은 이제 외형적으로나 기능적으로나 변화하고 있으며 신도심의 등장으로 인해, 새롭게 형성되는 도심지역을 중심으로 사회의 각 계층들이 영역별로 나누어지고 있다.

이와 같은 변화들은 자유경제정책을 바탕으로 변화하고 있으며 미국의 북부도시들은 그들을 모델로 삼고 있다. 이와 같은 변화들이야 말로 새롭게 정착되고 있는 자본주의의 실제적인 영향이라고 할 수 있다.
우리는 이와 같은 변화를 긍정적이다 혹은 부정적이라고 단정지울 수는 없지만, 도시의 팽창은 불가피하다는 사실만큼은 인지하고 있어야 한다.

변화의 단계는 전통주의와 고립(이탈)의 혼합이다. 전통주의는 도시 곳곳에 서비스업으로 만들어져 남게 된다. 그러나 고립은 도시에서 우리가 만들고 살아나가는 방법으로부터 야기되게 된다.

윤리적으로나 미적으로 보나 도시계획가나 건축가로서의 의미는 건축가인 우리가 보아도 심하게 퇴색되고 있다. 좋은 건축물은 창조의 행위이어야 하지 소비자들의 욕구를 만족시키기 위하여 지형과 지역을 바꾸는 것이어서는 안 된다. 한 도시의 건축을 결정함에 있어 도시 전체의 건축상을 염두에 두어야 한다. 그리고 지역마다 개인의 작은 요구들을 충족시키기 위해 제각기 다른 건축을 지향해서는 안될것이다.

가장 큰 문제점은 우리가 이미 수용하고 허용해버린 부분에 존재하는 문제 속에 있다.

우리의 영토와 숲을 복원시키는 것이야 말로 미래 우리들의 욕구와 인류에게 필요한 것들을 만들어낼 수 있는 기회의 발판이 될 수 있을 것이다.

1. Over the past 3 decades, the surface area of Santiago has grown by 96.5% and its population has grown by 49.5%. Compared to the US or Europe, this sub urbanisation does not appear exaggerated. Between 1970 and 1990, for instance, the population of the New York area grew by 8%, by and its built-up area by 65%. Over the same period, the population of Chicago rose by 4% and its built land by 46% while the figures for Los Angeles show 45% population growth and 30% surface area expansion Geddes, 1997 ; Meadows, 1999). / 과거 30년 동안, 산티아고의 표면 지역은 96.5% 정도 늘어났다. 그리고 인구는 49.5% 정도 증가했다. 미국 또는 유럽과 비교한다면 부도시화가 그다지 과장된 것은 아니었다. 1970과 65%에 의한 예, 지역이 8% 정도 키웠던 뉴욕의 인구와 그 조립되는 지역을 위해 1990 사이에서 같은 기간 동안, 로스앤젤레스를 위한 숫자가 45%의 인구증가와 30%의 표면지역에 팽창 Geddes, 1997에 이르는 동안 시카고의 인구는 4% 증가했으며, 토지는 46% 증가했다.
2. On this subject, the Ministry of Housing and town Planning (MINVU) stated that "MINVU's objective (...) is that these new people (the 3 million inhabitants who will gradually be arriving) should not settle in Santiago but go to other future urban development areas such as Talagante, Melipilla, Cordillera or Maipo, in a scenario of possible new cities, many of which are still to be decided" (El Mercurio. 14th August 1998). / 이 주제에서, 주택과 도시계획부(MINVU)가 출발했던 'MINVU' 의 목적은 새로운 이주민들(이주가 진행될 것으로 생각되는 300만 명의 주민)이 산티아고에 정착해서는 안되며, 가능한 새로운 도시, 어느 쪽으로 결정될지 아직 모르지만 장래의 도시 개발지역, 예컨대 Talagante, Melipilla, Cordillera 또는 Maipo이어야 한다는 것이다" (ell Mercurio. 1998년8월14일).
3. Rowe, Peter "Making a middle Landscape" Cambridge 1991. / Rowe, Peter "중경을 만드는 것" 케임브리지 1991.
4. Gruen, Victor Shopping Towns USA, Van Nostrand Reinhold Company, New York, 1960. / Gruen, 미국의 Victor 쇼핑타운, Van Nostrand Reinhold 회사, 뉴욕, 1960.
5. Bresciani L., Luis Eduardo. Concentrations dispersas: Plan de Santiago [Disperse concentrations: Santiago Urban Transport Plan] ARQ (Santiago), dic. 2002, no.52, Bresciani L., Luis Eduardo. / 집중을 분산시킨다: 산티아고 계획 [산티아고 도시 수송계획] ARQ(산티아고), dic.2002, no.52

백미러에 낀 구름
Clouds in the rear-view mirror

1

Dividing space into a field ahead and a field behind is one of the most basic categorizations that humans make. It has nothing to do with an indeterminate feeling of dissolution: rather, it means constructing a cognitive model that is difficult to refute and can coexist with other more or less empirical models.
Entrusting the simultaneous perception of what is happening behind our backs (a void, an invisible field) to a rear-view mirror has therefore always been considered a good way to reduce the difference.

Let us pause for a moment to consider what a rear-view mirror is: a small space that barely contains our glance, which we sacrifice in our forward vision so that what we leave behind can also be present, merged in. Its name says it all.
If the mirror were any larger than the one in the car we would see the world behind us the surroundings and complement of our own body.
What such a mirror would confirm would be the presence of the subject observing his or her self. That is why mirrors have disappeared from houses. Rather than giving ourselves a spatial centre in which to reflect ourselves, pivoting on ourselves, nowadays we want to move around, to live more widely, as Hannes Meyer said. Rear-view mirrors allow us to exclude the self from our view of the world.
They allow us to reduce our selves to a glance, an action, a continuous happening.
They also allow us to reduce everything we leave behind to the exact area they occupy.
Without it disappearing, however. Even unfocusing its edges so that it can more easily be added and blended into all that is in front of us. What is left behind is only the starting point.
The road to be travelled always lies ahead. Once again it comes down to a space-time relationship, this time disrupted by the rear-view mirror.

공간을 앞과 뒤로 나누는 것은 인류가 만들어낸 가장 기초적인 범주화이다. 이것은 미해결의 불명확한 느낌과는 아무런 상관이 없다. 오히려 그것은 인식에 의해서 거절하기 힘들고 상호 공존할 수 있는 경험적인 모델을 구성하는 것을 의미한다. 백미러를 통해 우리의 등 뒤에서 벌어지고 있는 일들을 깨닫는 일은, 타인과의 차이점을 줄일 수 있다는 면에서 좋은 방법으로 생각되어 왔다.

여기서 잠깐 백미러가 무엇인가에 대해 알아보기로 하자. 우리가 한눈에 볼 수 없는 작은 공간을 우리가 앞 시야를 확보하면서 우리 뒤에 남겨진 시야도 동시에 볼 수 있도록 만들어 놓은 것이 바로 백미러이다. 그것의 이름에서도 모든 성격을 알 수 있다.
만약 차에 있는 백미러가 그 어떤 것보다 크다면 우리는 우리 자신뿐만 아니라 우리 뒤에 놓여진 세상 모두를 볼 수 있다.
어떤 거울이 그 또는 그녀 자신을 관찰하는 것의 주체적인 존재가 될 수 있겠는가. 이것이 곧 백미러가 집에서 사라지게 된 이유이다. 우리 자신을 기준으로 선회해 보는 것이나 우리 자신을 반사시켜 볼 수 있는 특별한 공간보다는 요즘에는 우리 자신을 변화시킬 수 있는 공간을 원한다 - 한나 메이어가 말했듯이 더 넓게 살기 위해서 말이다. 백미러는 세계를 보는 우리 자신의 시야로부터 우리 자신을 제외할 수 있게 해준다.
또한 백미러는 우리가 남겨놓은 과거를 백미러의 넓이로만 국한시켜 보여준다.

물론 남겨 놓은 것들을 없애버리지 않으면서 말이다. 심지어 그것의 가장자리를 중심에서 벗어나게 하는 것도, 우리 앞에 있는 모든 것에 쉽게 추가될 수 있고 또 같이 섞이게 할 수도 있다. 남아있는 것은 오직 시작점이다.

2

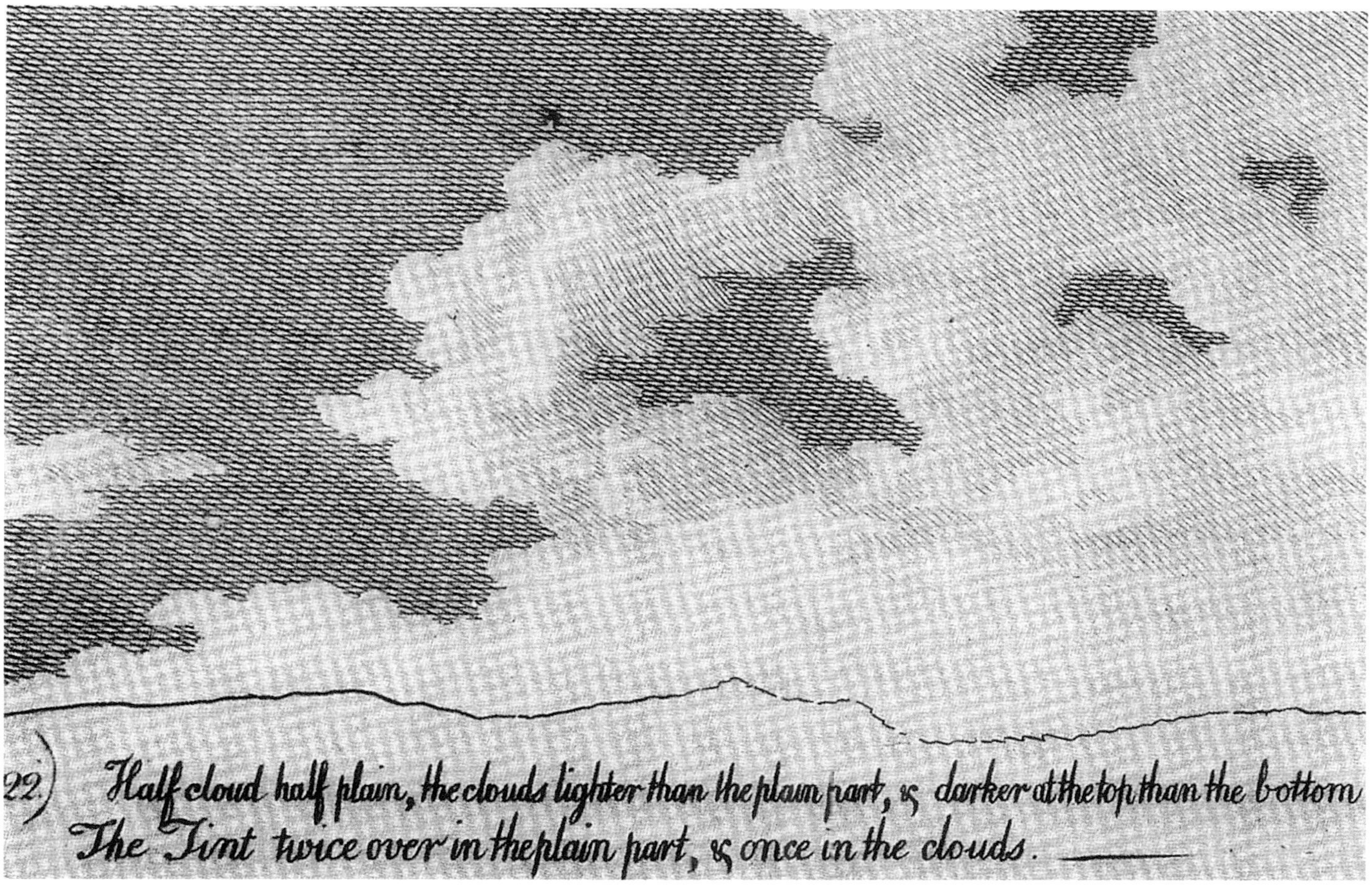

3

The spatial meaning and significance of behind is contradicted by the meaning given to it by time, the time that is to come rather than that which has been and gone.
Borges' *Imaginary Beings* include the *hide-behind,* a strange animal from a Wisconsin and Minnesota lumberjack legend: he wanted to make us feel threatened by the uncertainty of what happens behind our backs. It is always behind us, following us everywhere. However quickly we turn, the *hide-behind* is always faster and has already moved behind us again.
We will never know what it is like, says Borges, but it is always there. However, Calvino wrote that Montale once managed to turn and see the *hide-behind.* Montale said that it was the most horrifying of all animals. Calvino said that what Montale saw was nothingness.
Nothingness? What if it was not true? We all know that Borges and Calvino were tellers of tall stories. So what was it that Montale saw? What exactly was it that was behind him? Baudelaire gave us the answer in his introduction to The flowers of evil: *"You know him, reader, this delicate monster, Hypocritical reader, my likeness, my brother!"*

Ever since Ledoux suggested hut-building as the enlightened origin of architecture in his engraving *L'abri du pauvre,* where a tree shelters the noble savage from the bevy of gods in the clouds, we have been using nature as a measure of architecture. We should not neglect, therefore, what we have been leaving behind: architecture itself, as Baudelaire says.

Charles Jencks' penultimate map, *Post-Modern Sciences of Complexity,* was published in Lotus no. 104 (March 2000), which devoted its main section to "Informale e nuove strutture". It is superimposed on a fragment of one of Alexander Cozens' engravings of clouds, a background contributed by the Italian magazine's editor, Pierluigi Nicolin.
One of the chapters in the book for which Cozens is know, the *New Method of Assisting the Invention Drawing Original Compositions of*

여행할 길은 항상 앞에 놓여있다. 시공간의 관계는 백미러에 의해 와해된다. 물체가 반사되어 보이는 것과 실제 시간과의 사이에 모순이 발생한다. 백미러에 보이는 것은 앞으로 올 것의 사물이지 백미러에 비쳤다고 이미 가버린 사물이거나 사건이 아니기 때문이다.

Borge의 상상의 존재는, 위스콘신과 미네소타의 벌목의 전설에서 나오는 이상한 동물, 숨어있는 것까지 포함하고 있다.

그는 우리 뒤에서 무엇이 일어나고 있는지 모른다는 사실에서 야기되는 불확실성과 불안감으로 우리를 위협하려 했다. 그것은 언제나 항상 우리 뒤에 있고 우리를 어느 곳이든 따라 다닌다. 그러나 우리가 빠르게 돌면, 뒤에 숨어있는 그것은 우리보다 더 빠르게 돌아 다시 우리 뒤에 서 있곤 한다.

Borge가 언급한 것처럼, 그것은 언제나 그곳에 있지만 우리는 그것이 무엇인지 절대 알 수 없을 것이다. Calvino는 Montale이 뒤를 돌아 뒤에 숨어있는 그것이 무엇이었는지를 봤다고 써 놓았다. Montale은 그것은 자신이 본 것 중 가장 무서운 동물이라고 하였다. Calvino는 Montale이 본 것은 아무 것도 아니라고 말했다.
아무 것도 아니라고? 만약 그것이 진실이 아니라면? 우리 모두는 Borge와 Calvino가 과장된 이야기를 하고 있다는 것을 알고 있다. 그럼 Montale이 본 것은 무엇일까? 정확히 그의 뒤에 있었던 것은 무엇일까? 보들레르는 그의 저서 '악마의 꽃'의 서문에서 그것에 대한 답을 주고 있다. "독자들이여, 그대들은 이 섬세한 괴물인 그를 알고 있어. 위선적인 독자여, 나의 친구여, 바로 나의 모습이지!"

Ledoux가 L'abi du pauvre에서 오두막을 짓는 것을 건축의 계몽이라고 제안한 이후로 우리는 자연 그대로를 건축물의 재료로 사용하였다. 따라서 보들레르가 말한 대로 우리 자신 뒤에 남겨진 그것은 건축물이라는 것을 잊어서는 안된다.

Charles Jenck의 두 번째 지도 'Post-Modern Sciences of Complexity (탈 근대과학의 복잡성)'는 Lotus No.104에서 2000년 3월에 출판되었는데 이는 "Informale e nuove strutture"에 가장 큰 중점을 두고 있다. 이탈리아의 잡지 편집가인 Pierluigi Nicolin가 기여한 Alexander Cozens의 구름 모양 조각 뒤에 덧붙여져 제작되었다.

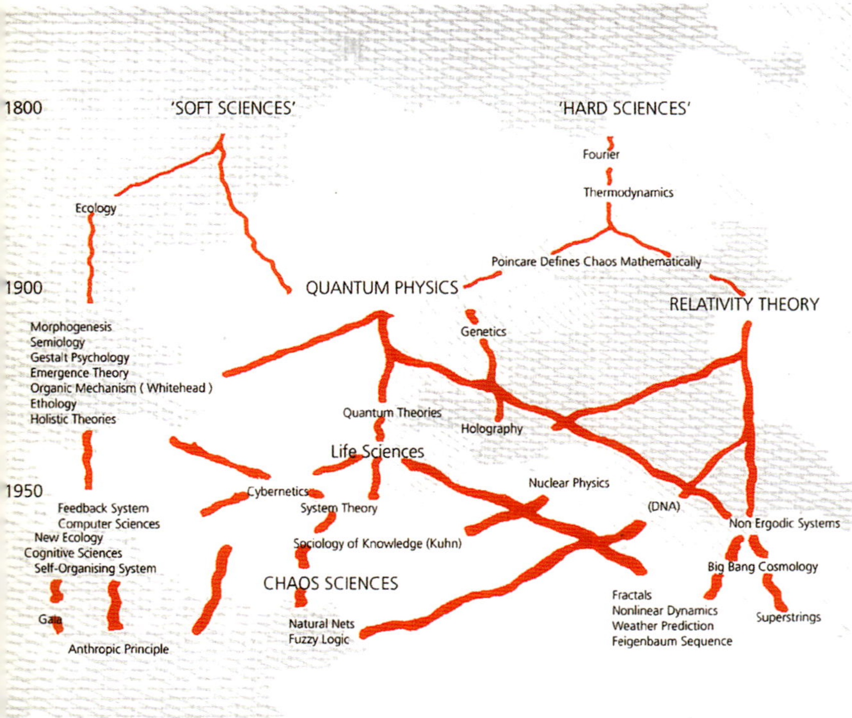

1785년도에 쓰여진 New Method of Assisting the Invention Drawing Original Compositions of Landscape의 한 장을 보면 하늘의 모습에 대한 여러 가지 묘사가 나타나 있다. 그의 연구는 잉크 얼룩을 이용하여 지형을 초보 건축가에게도 설명할 수 있는 "blotting" 기법에 대한 설명이 적혀있다. 이와 같은 방법들은 Cozen의 책에 수록되어 있었으며 이 시대에서는 전통적인 기법 이외에 쓸 수 있는 또 다른 방법으로 미술을 가르칠 수 있는 새로운 기법으로 평가 받았다. 물론 이미 두 세기 전 레오나르도가 이미 "저 벽에 있는 얼룩을 보라, 구름을 보라. 그 속에서 그대는 위대한 발견을 할 것이다"라고 말했지만 말이다.

Jenck의 지도를 옆에 두고 책을 읽게 된다면 "새로운 페러다임: 비선형 건축"이라고 쓰여진 글귀 - "새로운 과학 = 새로운 건축"이라고 시작되는 - 가 아니더라도 그의 주제에 쉽게 접근할 수 있다. 지도상의 선들은 기존에 출판되었던 유명한 지도들과는 전혀 다르다. 이와 같은 형태의 역사를 찾아보려 하지만 이것은 자신만의 역사와 형태를 가지고 있다. 이와 같은 경우 지난 2세기 동안 쓰여진 세 종류의 책을 참고할 수 있다: 시간의 척도와 soft science, 그리고 hard science로 쓰여진 책 들이다.

그리고 이와 같은 글들은 크기나 대문자, 소문자만으로 쓰인 것이 아니라 기형학적이고 예측할 수 있는 정돈을 벗어난 무질서한 연속체를 이루어져 있다. 또한 이 선들은 서로 상호작용을 하여 만나는 점에서 그 두께를 더해지고 있다. 또 한 가지 흥미로운 점은 이 선들이 어느 점에 가서는 끝나버린다는 점이다. 이와 같은 형태는 불연속성을 의미하며 무언가가 새로 시작할 수 있는 위치를 만들어주는 것은 아니다.

Jenck의 결정에 있어서 복잡한 자연과 그것들의 관계를 강조하는, 의심과 모호함을 내보이는 가장 중요한 점은 도표학적인 언어(graphical term)로 표현하는 것이다. 지도 만들기의 이러한 모든 뉘앙스들은 효과적인 계보학 본보기로서 나무 다이어그램의 효율성에 대한 의문을 품게 만든다. 추가적으로 그려진 구름이 낀 배경과 그것의 요소들이 이미 성립된 관계를 묘사한다(그것의 공헌적 성격의 면에서 관계의 소유물이 확립된다).

Landscape, dated 1785, addresses the representation of variations in the skyscape. His studies show the usefulness of the method he called *blotting*, the chance use of ink blots that may suggest landscape motifs to apprentice draughtsmen. The psychological insight proposed by Cozens' prologue in connection with the invention of form was, for the time, a defiant alternative to the traditional methods of teaching art. Nonetheless, Leonardo had already raised these questions two centuries earlier: *"look at the spots on walls (...), or the clouds, (...) thou wilt make very wonderful discoveries in them"*.

By placing Jencks' map on the second page, opposite the index, it acquires unquestionable editorial value and expressly alludes to the main theme of the issue rather than only to Jencks' accompanying text, *"The new paradigm: non-linear architecture"*, where the first heading, symptomatically, reads *"New Science = New Architecture'*. The lines of this map are very different to those of ones already published previously, even to those of other well-known ones. Aspiring to define a certain genealogy, it has a chronological basis, like almost all of its kind. In this case, three columns sweep through the last two centuries, those of the modern age: one contains the timescale and the other two cover the *soft* sciences and the *hard* sciences.
However, the entries that define their itineraries are not only presented in different sizes of type and in lower and upper case, they are also irregular, shedding the rigidity of their expected alignment and forming a disorderly continuum. Additionally, the connections between them progressively cross each other in wavy lines of increasing thickness. Another decisive aspect is that they break off, more to show a final fact of discontinuity than to make room for the entries. The important thing about Jencks' decision to emphasize the complex nature of their relations, to reflect doubts and ambiguities, is that in graphical terms, over and above all these nuances of mapping, it calls into question the efficiency of the corresponding, it calls into question the efficiency of the corresponding tree diagram as an efficient genealogical model. The added cloudy background and its attributes characterises the properties of the relations that are established.
To continue within the field delimited by Jencks, throughout the 20th century Science has been expressly using the 'tree' model to

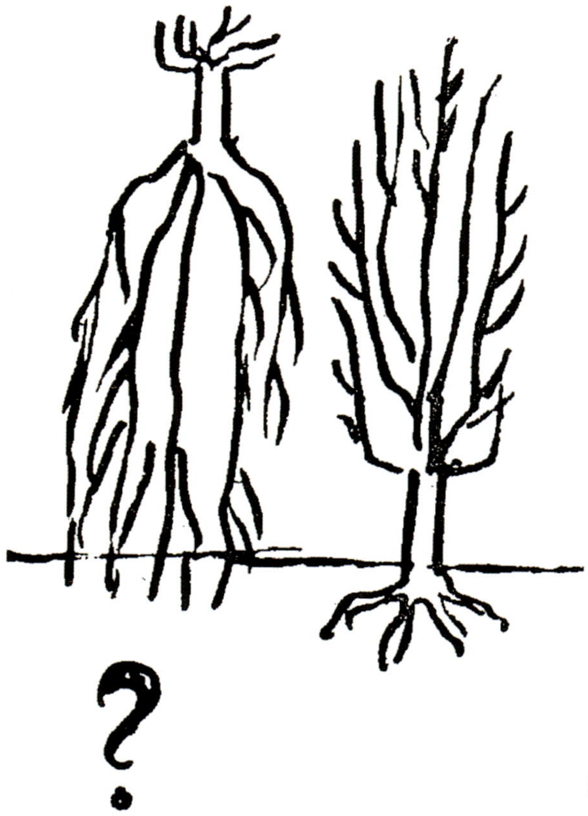

explain its evolutionary direction, from Charles Darwin's notebooks of 1870, where he used various tree diagrams to speculate on the theory of the evolution of life-forms, to the latest *trees of evolution*, such as the 1978 one from the British Natural History Museum.
This shows up the limitations of the referent of its continuity, thus definitively questioning the 'tree', by warning that *the dotted lines indicate gaps in fossil evolution, periods when this fossil is assumed to have existed but no examples have been found. These gaps might be due to failure in fossilization, or to mistakes in the genealogy, or to wrongly identified fossils; or they may simply have been taken to show that the theory of evolution is wrong.*

Not so different, then, to what we may find in other disciplines and, of course, in architecture. The caricature of an impossible tree that Italo Rota drew in an attempt to explain the genealogical order of 20th century Italian architecture, with all its vicissitudes, fortunes and misfortunes, is full of grafts, props and broken branches.
Iganasi de Solá-Morales, in his *Topografía de la arquitectura contemporánea* is even clearer in his deep rejection, emphasising the inadequacy of the 'tree' as a model; *"Architecture cannot be explained in an arborescent manner, as branches of a tree growing from a common trunk, nourished by its roots in its own ground. Architecture is not a tree, it is an event that results from the cross-forces that give rise to a partially significant, contingent object. Criticism is not a recognition or declaration of branches, trunk and roots but is itself a deliberately-produced construction to illuminate a particular situation, to draw the topography of a particular point at which some architecture has been produced".*

Over the past few decades a series of unexpected discoveries has brought about spectacular changes in the world of science. We no longer view Science and Art as ideologically conflicting spheres.

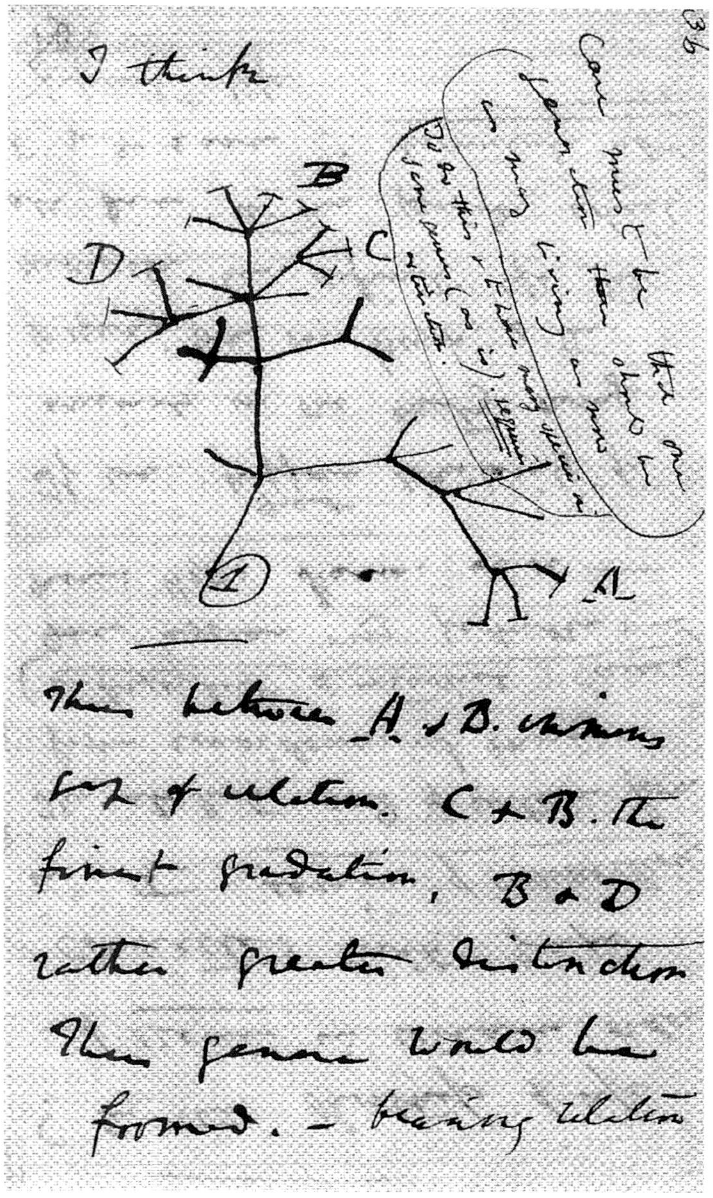

6

7

Jenck에 의해 한계가 벗겨진 그 분야에 대해 계속 얘기를 하자면, 20세기에 걸쳐 과학은 나무의 진화과정을 설명하기 위한 나무를 모델로 삼아 표현해왔다. 찰스 다윈의 1870년 생명의 진화이론을 보여주기 위한 다양한 나무 다이어그램을 써 놓은 기록장에서 시작하여, 1978년 영연방 자연사박물관의 '진화의 나무'라는 책에 이르기까지 말이다. 이것은 그것의 연속의 관계항을 보여주는 것이다. 이 화석들은 존재한다고 믿어져왔으나 그를 입증하는 예는 발견되지 않았다고 하는 나무에 대한 한정적인 의문이 있기는 하지만 말이다.
이와 같은 "빈 공간"들은 아마도 그 특정한 시기에 화석화가 이뤄지지 않았거나 역사학적인 실수를 하였거나 화석을 잘못 분석하였기 때문일 것이다. 물론 우리는 단순히 이와 같은 "빈 공간"들이야 말로 진화론을 부정할 수 있는 결정적인 단서라고도 할 수 있다.

다른 학문에서 찾을 수 있는 것은 건축학 분야에서 찾을 수 있는 것과 물론 그리 많이 다르지 않다. Italo Rota가 그린 불가능한 나무의 만화그림에서 그는 그림으로 20세기 이태리 건축의 계보학 순서를 설명하고자 노력했다. 사물의 규칙적인 순환, 변화, 추이, 운과 불운 등 접착제, 부러진 가지 등으로 가득하다.

Ignais de Sola-Morale의 일시적 건축의 지형학에서는 나무를 모델로 삼는 것의 부적절성을 강조하며 거부반응을 나타냈다. "건축은 나무의 생장방식으로 설명될 수 없다. 나무 가지들은 땅에 뿌리를 내리고 그 뿌리를 통해 양분을 공급받아 보통의 나무가 성장하는 것이다.
건축은 나무가 아니다. 이것은 교착되는 부분에서 나오는 힘의 결과이며 부분적으로 중요성을 입증해주는 사물이다. "비평은 나무의 가지, 나무줄기, 뿌리라고 인지되어지는 것에 있는 것이 아니라, 건축이 완성되어지는 특정한 지점의 지형지세를 이끌어내기 위해 계획적으로 만들어진 그 자체일 뿐이다."

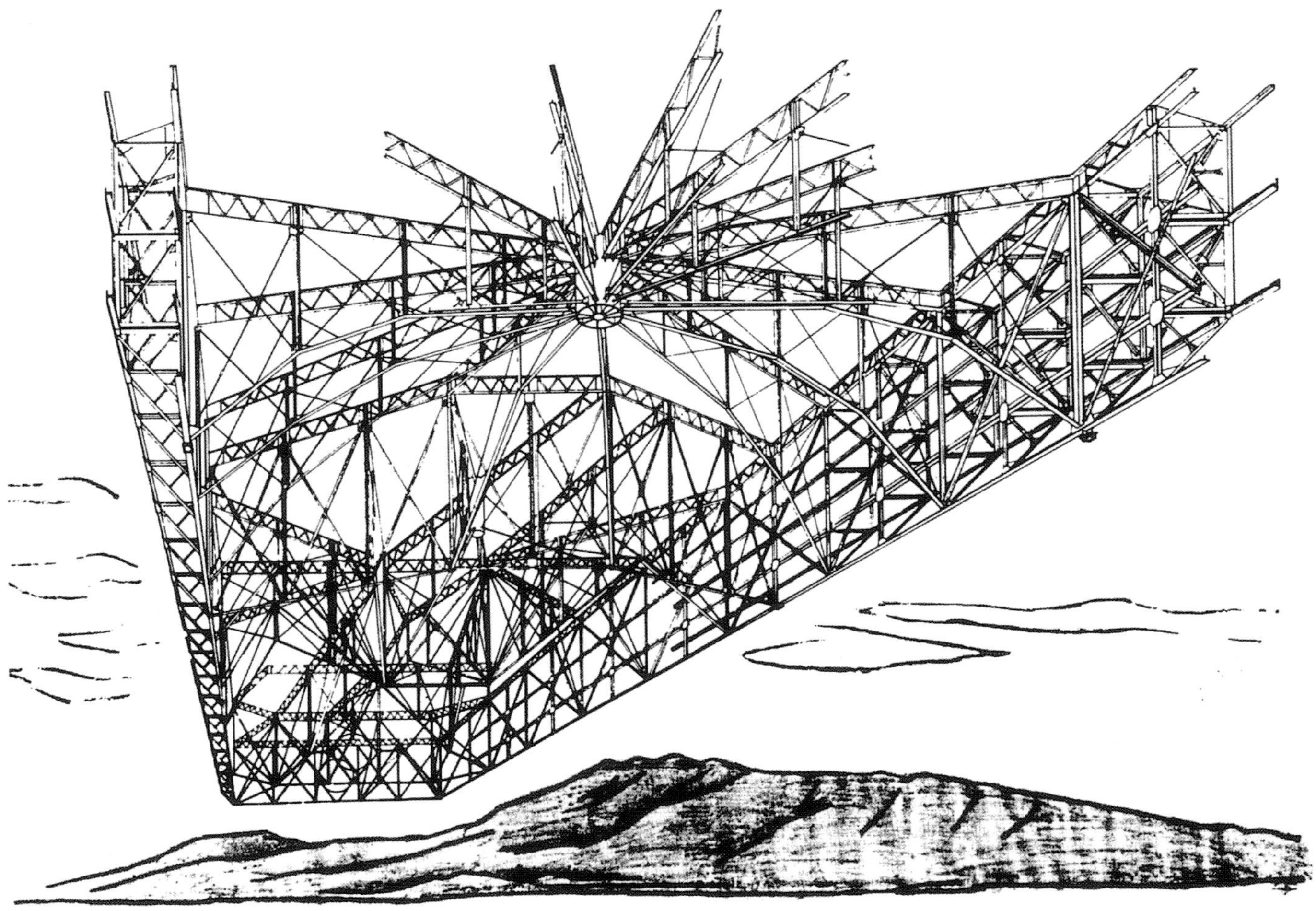

8

몇 십년간에 걸쳐 기대조차 하지 않았던 여러 사실들이 연속적으로 발견되고 있어 과학계의 변화가 일어나고 있다. 우리는 더 이상 과학과 예술을 이념적으로 반대되는 것이라고 보지 않는다. 이것은 과학세계의 개념과 모델이 예술의 한 분야와 특정한 유사성을 보이고 있기 때문이다.

과학적인 지식은 아무도 이해할 수 없는 과학만의 언어로 이루어진 배타적이며 한정적인 것은 아니다. 그래서 물리의 세계에서는 좀 더 일반적이고 보편적인 언어로 확실성을 부여해야 한다는 주장도 계속해서 나오고 있다. 그것은 지난 세기의 개념적인 갈등을 그만두고, 새로운 미디어를 통해 언어를 새롭게 하려고 하는 움직임이다. 어느 분야의 문화가 시험대상이 되든, 그것의 다양성과 복잡성 그리고 일시성에 강한 성향을 보이고 있다.

미술 또한 어떻게 발전하든 간에 미술이라는 개념을 지식의 발전과 떨어뜨려놓는 개인주의 사고방식으로는 발전할 수 없다는 사실이 인식되고 있다.
그것은 지난 세기에 다루어왔던 개념적 이론을 가지고 고민하는 것을 중단하는 것을 목적으로 하고 있으며, 새로운 언어와 미디어를 새롭게 재창조해내길 원한다. 결국 어떤 문화를 분석하든 그것은 다양성과 복잡성을 추구한다는 것을 알 수 있다.

건축의 관점에서 Jenck의 지도는 이러한 상징들의 증거가 된다. 20세기 중반이 지나면서 2개의 대립되는 이념들(인공두뇌학, DNA, 지식사회화, 새로운 생태학, 카오스 이론, 프랙탈 등) 사이에 긴장이 가라앉고 많은 결절들이 다양하고 구체적인 분야에서 건축학과 관계를 맺기 시작했다. 이것은 우리의 NOX(그리스 신화의 닉스)에 대해 가지는 관심이나 유나노준 리비듐(캄브리아 시대에 존재한 마지막 생명체로 중국에서 발견), 하느님의 손가락(God's Finger, 오리온 성운에서 형성된 별을 상징하는 그림으로 1998년 허블 우주선 망원경으로 촬영되었음)과 같은 것에 대한 흥미를 통해 검증된다.
이러한 연구는 어쩌면 Nouvel의 대표적 슬로건인 "미래의 건축학은 건축적이지 못할 것이다"라는 특징을 미리 예측한 것 일지도 모른다.

This is why the world of Science, its concepts and models, are frequently found on our 'operating tables', why they possess a certain familiarity.
Scientific knowledge is not confined exclusively to esoteric formulae for a series of initiates and some in the world of physics call for a more universal language of science to avoid falling into a mere empty exactness in which people cannot recognize themselves. Art, for its part, in any of its manifestations, is also aware that it cannot continue to isolate itself in subjective individualisms that ignore advances in knowledge.
It aims to stop picking over the conceptual rubble of the last century and renew its languages through new media. In short, whichever the field of culture veing examined, it is easy to see a tendency towards multiplicity, temporality and complexity.
As regards architecture, Jencks' map reflects the evidence of this symbiosis. As the 20th century drew on, after the 50s, as tension between the two ideals relaxed, many nodes(cybernetics, DNA, sociology of knowledge, the new ecology, chaos theory, fractals, etc.) began to provoke very specific relations with architecture. This is verified, for example, by our interest in initiatives such as NOX, preceded by the use of the Yunnanozoon Lividum (the last living being from the Cambrian explosion, discovered in China) and followed by that of 'God's fingers' (the picture of stars being formed in the Orion nebula, one of the most active and visible, taken by the Hubble space telescope in 1998), both of which possess a formal fidelity that is disconcerting in its unchastised literalness. These projects may already be glimpsing the crude diagnostic significance of one of Nouvel's forceful slogans, *"The future of architecture will not be architectural."*

Ilya Prigogine began his talk at Montedison in Milan on 24th October 1984 with a quote from Jean Starobinski: *" Nowadays, there is not one single field - physics, the human sciences, artistic creation, legal institutions, economic life, political debate - in which the problems do not seem to refer to the antagonic notions of order and disorder, or to the more flexible but no less antonymical ones of balance and imbalance. Everything leads us to believe that these notions are indispensable for interpreting the set of realities that present themselves within us or around us."* His book, [Only an illusion? An exploration from chaos to order], insists that the dualism of order-disorder presides many of the cultural conflicts that have been taking pace for many years.
Like Michel Tournier in *The mirror of ideas,* we could suggest a series of antonyms to enable us to describe our time as opposed to former ages. A well known comparison was proposed by Karl R. Popper in his 1965 lecture *On clouds and clocks*: he contrasted regular, orderly physical systems with highly predictable behaviour, represented by precision clocks (specifically pendulum clocks), with highly irregular, disorderly and more or less unpredictable physical systems such as gases, represented by very disturbed or untidy clouds.
His summary was that: *We have seen that it is unsatisfactory to consider the world as a closed physical system, whether this is a strictly determinist system or a system where everything that is not strictly determined is due simply to chance: if we consider the world in this way, human freedom and creativity can be nothing more than illusions. The attempt to resort to resort to the indeterminacy of quantum theory is also unsatisfactory, as it leads to chance rather than liberty and to precipitate decisions rather than deliberate decisions. Here therefore, I have offered a different view of the world (one in which the physical world), which is compatible with considering the evolution of life as a process of trial and suppression of errors.*

Ilya Prigogine은 1984년 10월 24일 날 있었던 그의 Milan에 있는 Montedison에서의 대화에서 Jean Starobinski의 말을 인용하였다. "요즘에는 한 분야만 국한된 것은 없다. 인문과학, 예술, 법적제도, 경제생활, 정치적 논쟁 등과의 연관성이 있을 수 있다."
"중요한 것은 이와 같은 생각이 우리 주변과 내면에 있는 현실을 이해하는데 있어서 반드시 필요한 것이라는 점이다."
그의 저서인 'Only an illusion? an exploration from chaos to order'는 결국 오랜 세월동안의 문화 속에서 질서와 무질서의 대립관계가 존재한다는 사실을 알려준다.
Michel Tournier가 쓴 "The mirror of ideas" 책에서와 같이 우리는 이전의 시대와 달리 우리가 살고 있는 시대를 묘사할 수 있는 여러 가지 반의어들을 제시할 수 있다.
On clouds anc clocks라는 Karl R. Ropper의 1965년 강의에서 소개된 묘사가 대표적인 예이다. 그의 강의에서 질서는 시계(구체적으로 추시계)의 정밀성과 비교되었고, 기체나 구름과 같이 무질서하고 예측할 수 없는 물리적인 시스템으로 묘사되어 있다.

그의 요약은 이러하다. 우리는 이미 우리가 살고 있는 세계가 닫혀진 시스템이라고 생각하기엔 만족스럽지 못하다는 것을 느끼고 보았다. 만약 우리의 세상이 모두 운명적인 것이고 우리의 자유의지가 전혀 반영되지 않는다면 인간의 자유와 창조성은 그저 환상일 뿐 무의미한 것일 것이다.
또한 양자론에 의지하는 것도 불만스럽다. 양자론은 결정에 대한 확률만을 언급할 뿐, 확실하고 신중한 결정에 대한 언급은 전혀 없기 때문이다. 그런 이유로 나는 이 자리에서 세상을(물리적인 세계) 시행착오방법으로 바라보는 새로운 시각을 제시해보고자 한다.

9

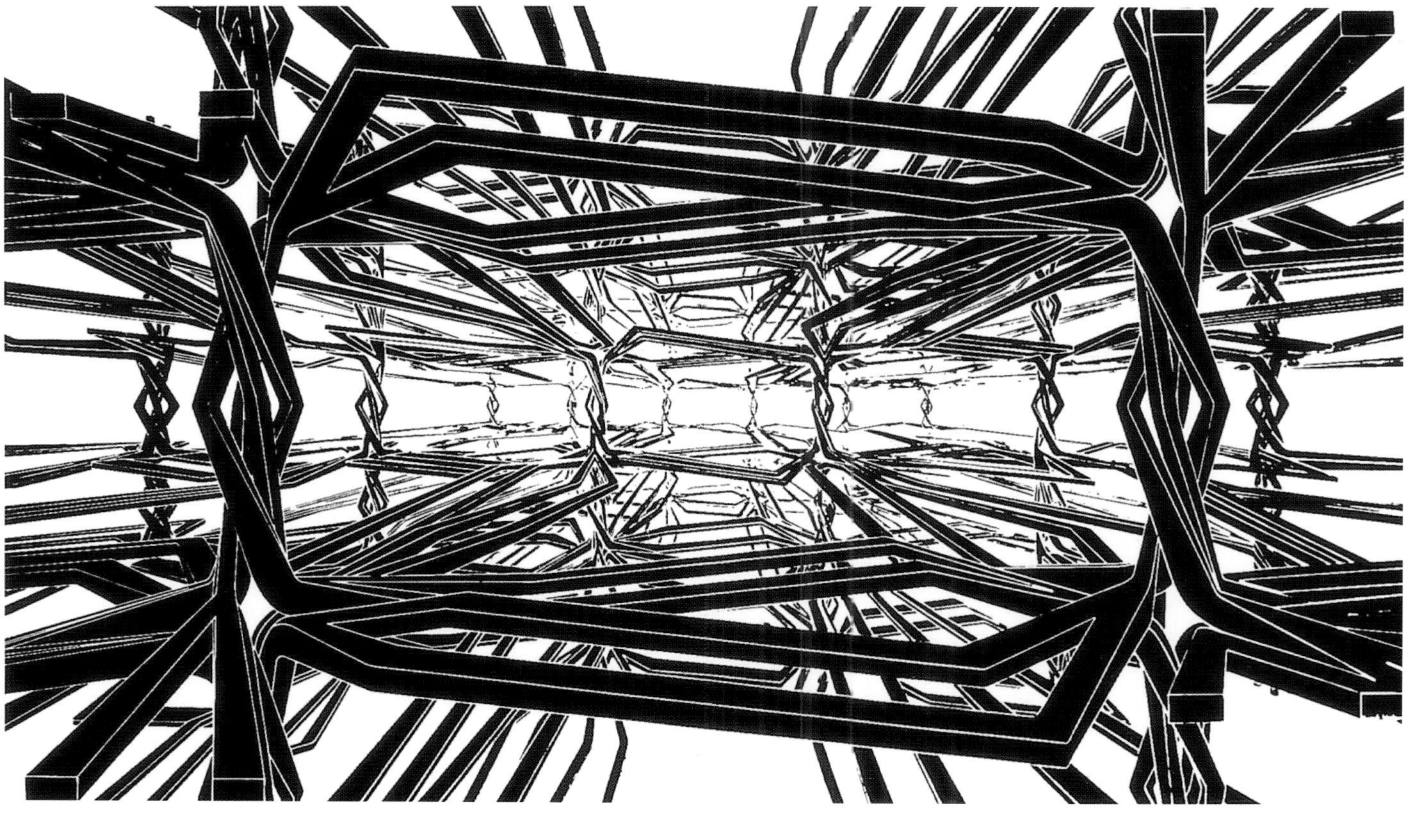

이와 같은 방법은 우리가 비록 완전하게 이해하긴 어렵겠지만 상식적으로 우리의 근본과 인간의 자유와 지식의 발전을 가능하게 해 줄 것이다.

바르셀로나 과학박물관 담당자인 Jorge Wagensberg의 저서 "Ideas for the impure imagination. 53 reflections in its very substance"에서는 체계적인 비판에 의해 발전되어 온 과학지식을 나열하고 있다. 그는 그의 책을 "혼합, 마찰, 충돌, 교차, 그리고 순수하지 못한 창조"에 바친다고 서두에 언급하고 있다. 이와 같은 행위들은 Borges("What are the clouds? An architecture of chance?"), Shakespeare("That which is now a horse, even with a thought The rack dislimns, and makes it indistinct"), Paz("Clouds adrift, somnambulant continents, countries without substance or weight, land traced by the sun and erased by the wind"), Apollinaire, ("Celestial fragments woven from the purest memories and at times uncertain clouds of plaster float in the air"), Thoreau("Live free, child of the mist-and with respect to knowledge we are all children of the mist") 그리고 Cernuda("Man is a cloud whose dream is wind. Who can separate thought from dream?")와 같은 사람들의 창조적 사고방식에서 찾아 볼 수 있는 행위들이다.
이는 실용적이지 못하며 상상 속에만 국한된 낭만적인 공상이었다. 오히려 사람들에게 구름을 분석하길 장려하였고, 건축가들이 자신들의 건축물의 기본이 된다고 말하는 나무와 같이 만질 수 있는 확실한 물체들의 분석을 장려하지 않았다.

나무나 구름들은 모든 순간에 그 순간에만 만들어낼 수 있는 여러 가지 비유들을 만들어낼 수 있다. 이 비유들은 대부분 서로 다르며 두 가지의 서로 다른 의미를 지닐 때까지 만들어질 수 있다. 예를 들면 지구상에 있는 것과 상상속의 것, 영원한 것과 그렇지 못한 것, 변화하는 것과 변화하지 않는 것, 추리된 것과 귀납된 것 등이다.

물론 현대시대에 이르러서는 최근 몇 세기 동안 과학이 발전함에 따라 구름조차 좀 더 많은 의미를 가지게 되었으며, 이제 더 이상 상상 속의 존재로만 취급되고 있지는 않다.
그렇지만 Diller와 Scofidio가 보여준 바와 같이 우리는 이제 구름을 창조해낼 수도 있다. 그러므로 우리는 이제 상상속에 있는 무언가를 무조건적으로 창조해낼 수 없다는 강박관념을 버려야 한다. Oiza는 그의 은인인 Felix Huarte의 죽음 앞에서 "잘 그렸던 못 그렸던 그림으로 된 사다리를 타고 시인과 함께 우리는 매일 구름으로 오르리…"라고 그의 Elogio del constructor [Eulogy of the builder]에서 말하였다.
요약하자면, 믿을만한 생각의 모델로써 조금은 명확치 못한 인식에 대한

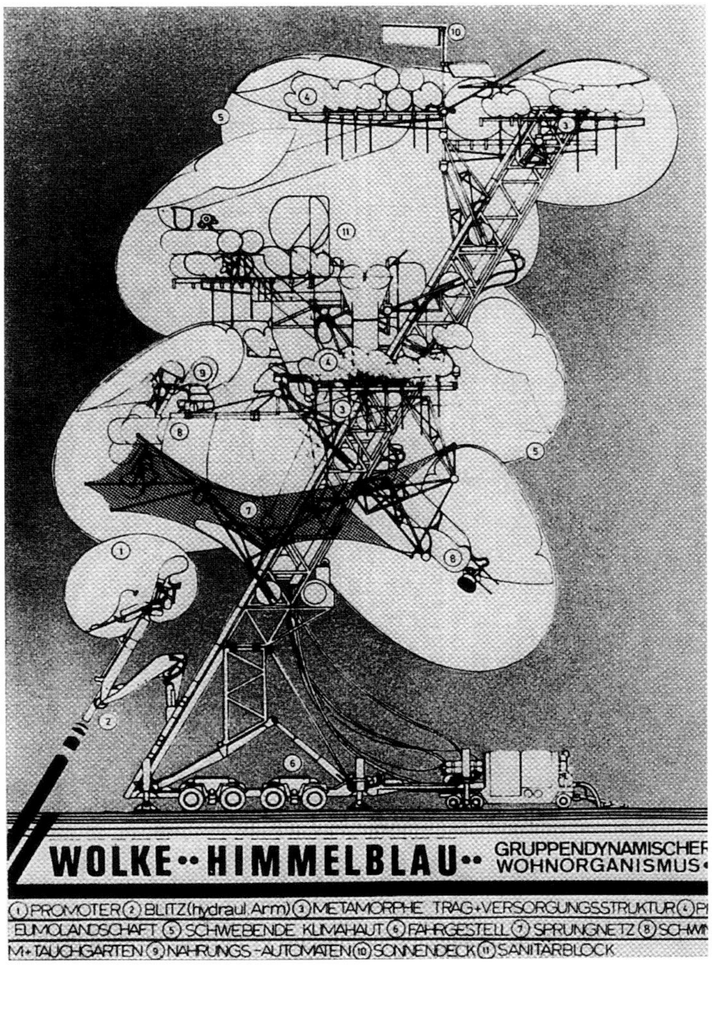

This also allows us to understand, rationally although not fully, the emergence of biological novelties, as well as the development of human knowledge and freedom.

Ideas para la imaginación impura. 53 reflexiones en su propia sustancia [Ideas for the impure imagination. 53 reflections in its very substance], by Jorge Wagensberg, director of the Barcelona Science Museum, enumerates inherent factors in the advance of scientific knowledge governed by conscious, systematic criticism. He dedicated this book *"To mixture, to friction, to collision, to intersection, to cross-fertilization. In short, to the impure imagination"*. All these are action that tabulate many images from subtle relationships observed by the imaginations of Borges (*"What are the clouds? An architecture of chance?"*), Shakespeare (*"That which is now a horse, even with a thought The rack dislimns, and makes it indistinct"*), Paz (*"Clouds adrift, somnambulant continents, countries without substance or weight, land traced by the sun and erased by the wind"*), Apollinaire (*"Celestial fragments woven from the purest memories and at times uncertain clouds of plaster float in the air"*), Thoreau (*"Live free, child of the mist-and with respect to knowledge we are all children of the mist"*) or Cernuda (*"Man is a cloud whose dream is wind. Who can separate thought from dream?"*)

Only spellbound contemplation, if not ecstasy, only romantic sublimation, in no way yet useful or applicable, encouraged their absorbed observation of clouds rather than the immediate tangibility of the tree that the clergymen and architects of the Enlightenment proposed as a basis for the construction of architecture.

At each moment, trees and clouds have enabled a succession of different metaphors to be constructed, sometimes separately, mostly contrasting, until there is one which is capable of suggesting toe different connecting qualities that the two models imply: terrestrial and illusory, spatial and temporal, permanent and ephemeral, evolving and indeterminate, inferred and induced. Progressively, over the last century, without a break, as a result of the changes taking place in science (as we have seen), the clouds have acquired a greater presence and become more highly regarded.

Nonetheless, since it is even possible to build them, as Diller + Scofidio have shown, we should never renounce the blind possibility of representing whatever is imaginative or unthinkable in these forces that belong to none. Oíza began his Elogio del constructor [Eulogy of the builder], on the death of his patron, Félix Huarte, with the following words: *"We who would climb with the poet, day by day, to the clouds, on the rope ladder of a sketch, well or poorly worked out,..."*

In short, as authoritative models of thought, encouraging speculation and more or less explicit, more or less felicitous appreciations, trees and clouds have always referred architecture back to nature. *"I have not the slightest interest in whether or not nature knows what it is doing. I am not talking about what nature does or does not know. I am not talking about ontology but about intellectual models of the world in which we live"*, as Prigogine said on another occasion, in a talk that was published as *Proceso al azar* [Process by chance].

Translater's note: Texts in italics without quotation marks are translated from the Spanish.

Abbreviated version of a lecture given on 26th March 2004 in the "En espejo" [In mirror] cycle at the SEK University of Segovia's School of Architecture.

묵상을 장려하였을지라도, 나무와 구름은 자연으로 돌아가는 건축물로써 언제나 거론되고 있다. "Process by chance"에서 Prigogine이 말했듯 "나는 자연 그 자신이 뭘 하고 있는지 인지하고 있든 그렇지 못하든 개의치 않는다. 나는 자연이 무엇을 알고 무엇을 모르는가에 대해 이야기 하는 것이 아니다. 나는 존재에 대해서 이야기 하는 것이 아니라 우리가 살고 있는 세상의 지적 모델에 대하여 이야기 하고 있는 것이다."

번역자 주: 이탤릭체로 되어 있는 문구는 스페인어에서 번역한 것임.

SEK University of Segovia's School of Architecture에서 강연된 "En espejo"(거울속에서)의 요약본(2004. 3.26)

1. Lee Friedlander, New Orleans, Louisiana, 1969
2. Sigmund Freud, Window of his study at Berggasse 19 (Viena), 1938
3. Charles Jencks, Post-Modern Sciences of Complexity, 1997
4. Alexander Cozens, New Method of Assisting the Invention in Drawing Original Compositions of Landscape, 1785
5. Charles Darwin, notes for an evolutionary tree, 1870
6. Le Corbusier, 1941
7. Frank New by, Diagrams of the aviary at Regent's Park Zoo (London), 1962
8. Kiyonori Kikutake, municipal centre, Hagi, 1969
9. Konrad Wachsmann. Vinegrape, 1954
10. Coop Himmelb(l)au, Cloud, 1968
11. Elisabeth Diller + Ricardo Scofidio, Blur Building, 2002

1. Lee Friedlander, 뉴올리언스, 루이지애나, 1969
2. Sigmund Freud, Berggasse 19(Viena)에서의 그의 서재의 창문, 1938
3. Charles Jencks, 최첨단 과학의 복잡성, 1997
4. Alexander Cozens, 새로운 창작방법을 돕는 디자인 발상 배치도, 1785
5. Charles Darwin, 진화의 나무 초고, 1870
6. Le Corbusier, 꼬르뷔제, 1941
7. Frank Newby, Regent Park 동물원(런던)의 조류 사육장 그림, 1962
8. Kiyonori Kikutake, 지방의 중심, Hagi, 1969
9. Konrad Wachsmann, 포도덩쿨, 1954
10. Coop Himmelb(l)au, 소비조합의 가게, 1968
11. Elisabeth Diller + Ricardo Scofidio, 흐려지는 건축물, 2002

11

제 2장

Proiects and Works

•

프로젝트와 작업

생의 나무
Wood of life

Architects:
ZADE & VILA ASSOCIATS
German Zambrana-Delgado
Maricarmen Vila I Espino

Purpose:
Space to hold the ashes of those who donate their bodies for scientific research.

Site:
Leioa Campus

Client:
The University of the Basque Country

Models:
Laboratorio Z+V

Preliminary prototype:
Jaume Criballes

Sound Studies:
Emilio Llorente

Structure:
Consultors Tecnics d'Engenyeria I Arquitectura S.L.
Joan Carles Adell. Francesc Ventura

Leku bench:
Fusteria Josep Portet
Faume Criballes

Ancient olive tree:
Viveros Mari Eli

Photographs:
Zade & Vila

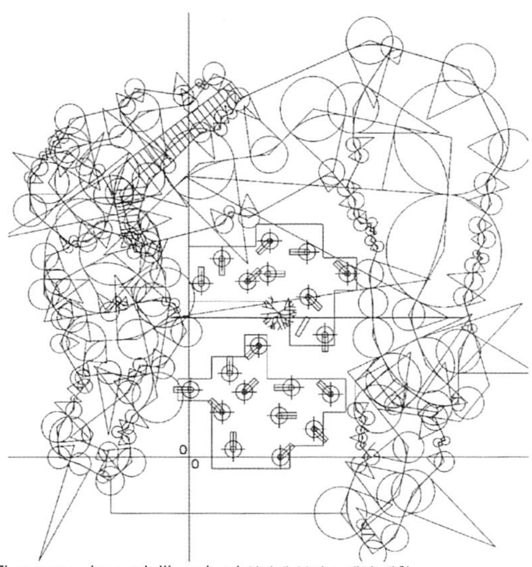

First stage site modelling plan / 일단계 부지 모델링 계획
Modelamiento del entorno primera fase/First stage site modelling plan

바스크 지방대학은 과학연구를 위해 사람들이 기부한 이들의 신체를 화장한 재를 레이오아 캠퍼스 내에 머물도록 하기 위하여, 장소마련을 위한 프로젝트 대회를 개최했다.

우리의 프로젝트는 공간의 기준을 보통의 건축물과는 다르게, 물리적으로나 시각적으로나 개념적으로 절대 폐쇄적이어서는 안 되며 통로나 문이 없고 규칙이나 순서도 없으며 경계도 없도록 만드는 것을 제안했다. 이 장소는 그저 하나의 숲이다.

나무는 변화에 있어 개방적이어서 심지어 변화는 나무의 한부분이라고 말할 수 있을 정도이다. 이곳은 개인이나 개인들의 행동에 의해 방해받지 않을 공간이다. 꽃다발이나 화관은 전체를 구성하는 어떤 일부분일 뿐이다. 그것은 또한 시간의 경과를 표시하는 해시계이며 바람의 소리, 새소리, 그리고 다가오는 발자국 소리 등을 들을 수 있다는 점에서 소리를 내는 악기가 되기도 한다.

생의 나무는 320개의 납골단지를 보관하는 20개의 나무로 이루어 있다. 2개의 기초묘석은 1,200mm에서 200mm까지의 높이로 배치되어 구덩이(무덤) 덮개와 멀칭을 채우기 위한 벽을 제공하며, 지표면 위에 걸을 수 있는 형태로 되어 있다.

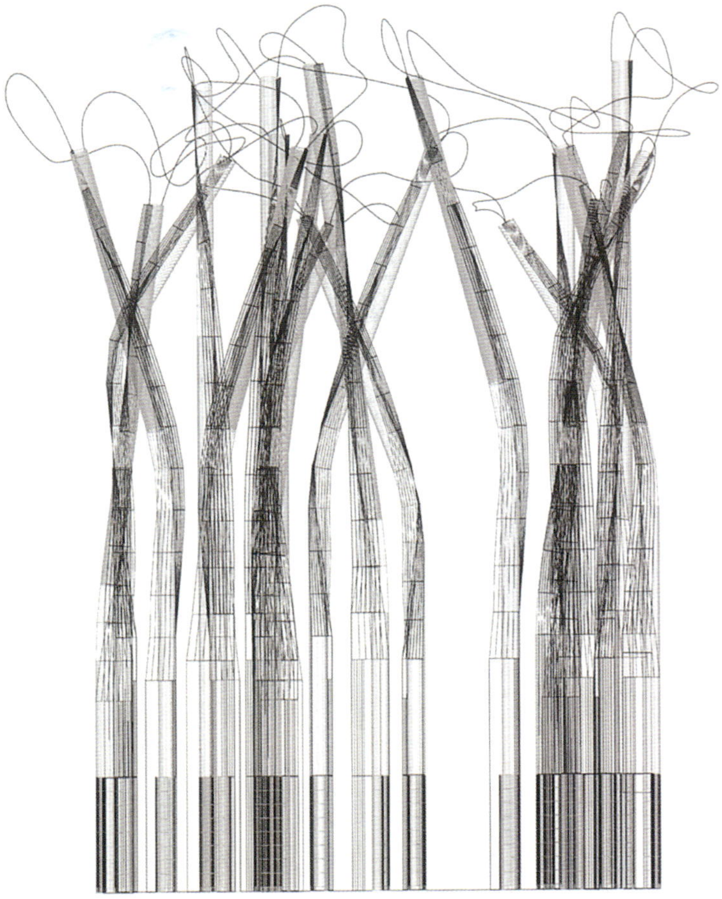

Elevation / 입면도

The University of the Basque Country convened a project competition for a space on the Leioa Campus to hold the ashes of those who donate their bodies for scientific research.

Our project proposed the creation of a place that, unlike a building, would never be closed (physically, visually or conceptually), where there would be no paths or doors, no order or number, no limits. This place is a wood.

The wood is open to change, one could say that change is its substance. It is a place that is not disturbed by individuals or their actions: a wreath or posy is just another part of the whole. It is also a solar clock, marking the passage of time, and a sound instrument, a way to listen to the wind, birdsong and approaching steps.

The wood of life is made up of twenty trees that will hold three hundred and twenty urns. Two foundation slabs, ranging in height from 1,200 to 200mm, provide the base for the concrete retaining walls that hold the pit covers and the mulch fill that forms the walkable ground surface.

Site plan / 부지 계획

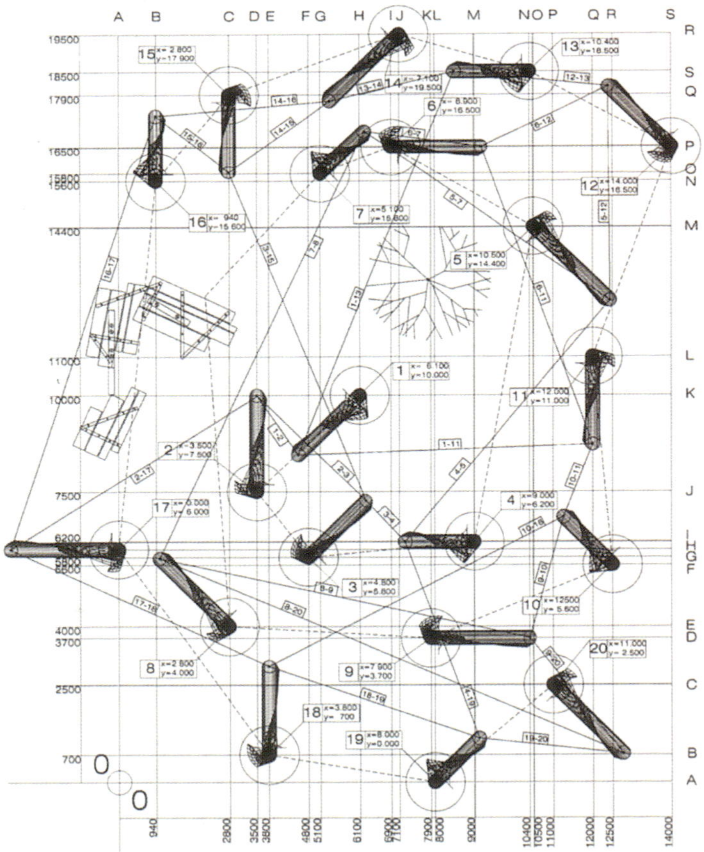

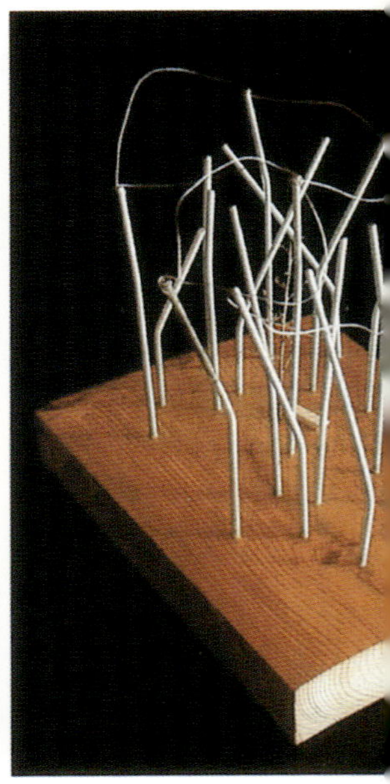

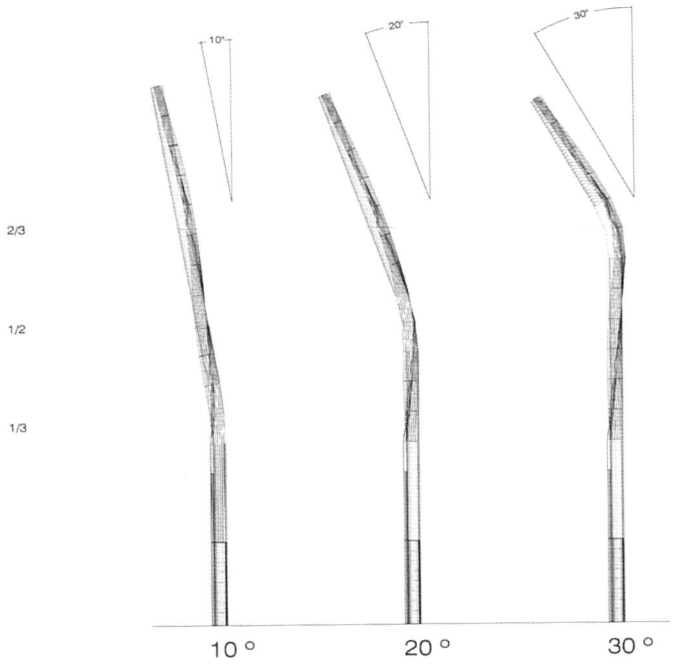

Angle of flexion / 굴절각

모든 나무는 세 부분으로 이루어져 있다.

무덤 덮개 : 숫자가 새겨진 5mm의 회전 버팀대. 이것은 무덤 안으로 문을 열고 닫을 수 있는 공간을 제공해주며 figuzzini라는 조명시스템이 설치되어 있다.

나무줄기(수간): 나무의 가장 주요부분으로, 나무임을 상징화하는 부분이다. 모든 나무줄기는 세 변수의 배합에 따라 달라진다 : 높이(14, 16 또는 18m), 굴절점(줄기 높이의 1/3, 1/2 또는 2/3), 그리고 굴절점(10도, 20도 또는 30도).
교차단면은 비록 그 형태가 피카소의 무엇인가에 의해 영향을 받긴 했지만 구조적인 특징을 띄고 있다 : 관 모양의 단면 주위로 지름이 450mm인 두 개의 8mm 회전버팀대 날개가 좌선성 방향으로 그것을 매끈하게 만들고 역동적인 윤곽으로 표현해준다.
납골단지의 방은 8개의 선반이 수직으로 정리되어 있는 수간의 아랫부분에 위치하며 수간의 나머지부분을 형태화한 문에 의해 보호된다. 안전을 위해 이중의 돌쩌귀 장치가 자칫 강하게 닫혀버릴 수 있는 위험을 막아주고 있다.

수관 : 20mm의 지름을 가진 튜브들이 바람이 그것들을 통과해서 지나갈 때의 음색을 만들어내기 위해 그것들을 특별한 각도에 위치하게 만든 쇠사슬 모양의 스테인리스강 버팀대에 달려있다. 이것은 생의 나무의 역동적인 요소 중 하나로, 공간적인 구조물은 지붕과 같거나 혹은 좀 더 형태를 암시하거나, 매달려 있는 소리 예술품 등을 제안한다.

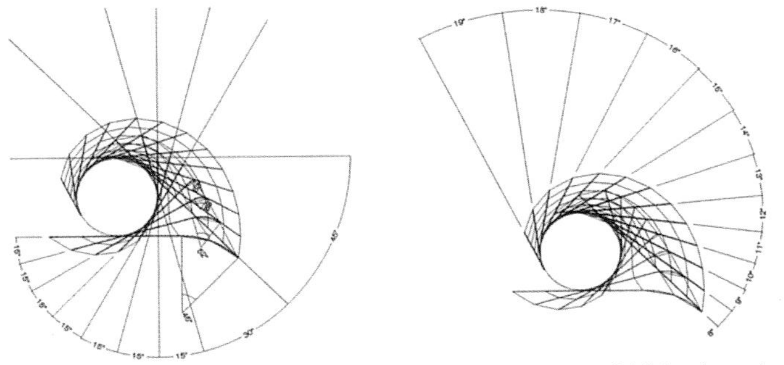

Axial plan of vanes / 날개축 평면도

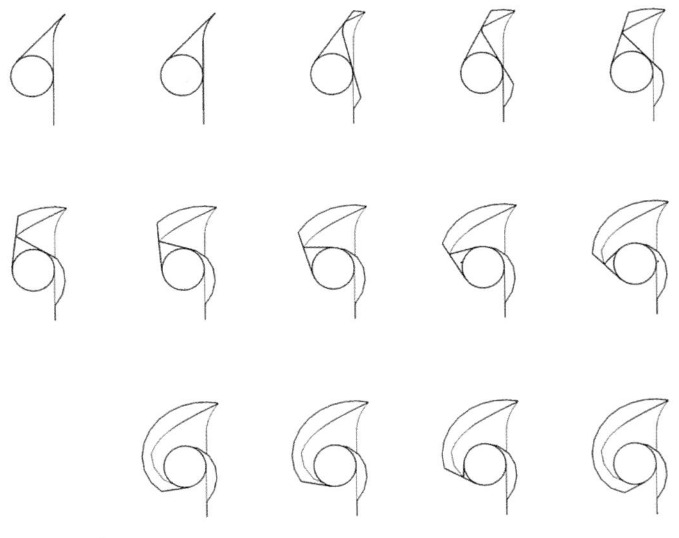

Horizontal sections every 100 mm / 100mm 간격별 수평 단면도

Each tree is in three parts:

pit cover: in 5mm weathering steel, engraved with a number. It provides a surface on which the door can open and covers the pit base where the figuzzini lighting system is installed.
trunk: the main part of the tree, the part that identifies it. Each trunk is differentiated by a combination of three variables: height (14, 16 or 18 m), point of flexion (at 1/3, 1/2 or 2/3 of its height) and angle of flexion (10°, 20° or 30°). The cross-section was motivated by structural criteria, although its from owes something to

Picasso: around a tubular section, 450mm in diameter, two 8mm vanes of weathering steel rise in a laevorotatory direction, giving it a svelte, dynamic profile. The urn chamber proper is in the lower part of the trunk, where eight shelves, arranged vertically, are protected by a door that imitates the rest of the trunk.
For security, a double-action hinge system ensures flush closure.

crown: an ensemble of 20mm diameter tubes in stainless steel, suspended by a catenary system that holds them at particular angles to produce modulated sounds as the wind passes through them. This is the dynamic element of the wood of life, a spatial fabric that suggests some sort of roof or, better still, a suspended sound artefact

바르셀로나 가라프 국립공원에 위치한 발덴 쓰레기 매립지의 지형 재조성
Landscape restoration of Vall d'en Joan Controlled Landfill site in Garraf Natural Park, Gava Begues. Barcelona.

Architects:
Enric Batlle
Joan Roig

Landscaper:
Teresa Gali-Izard

Collaborators:
Jordi Nebot, arquitecto
Proser, S.A.

Client:
Entidad metropolitana de serveis hidraulics
del area metropolitana de Barcelona
Diputacion de Barcelona

Contractor:
UTE Fomento, COMAS, Dragados y CESPA

Photographs:
Eva Serrats
Teresa Gali-izard

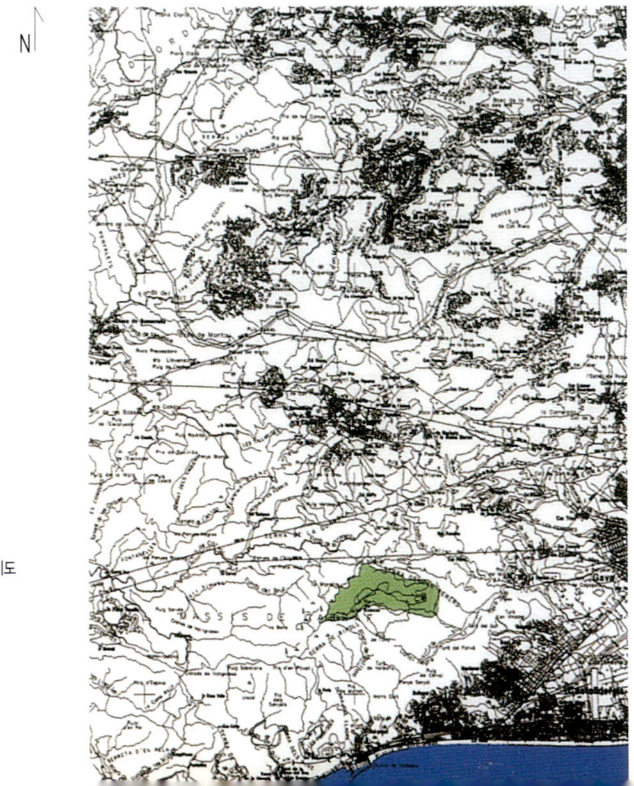

Site plan / 위치도

1

2

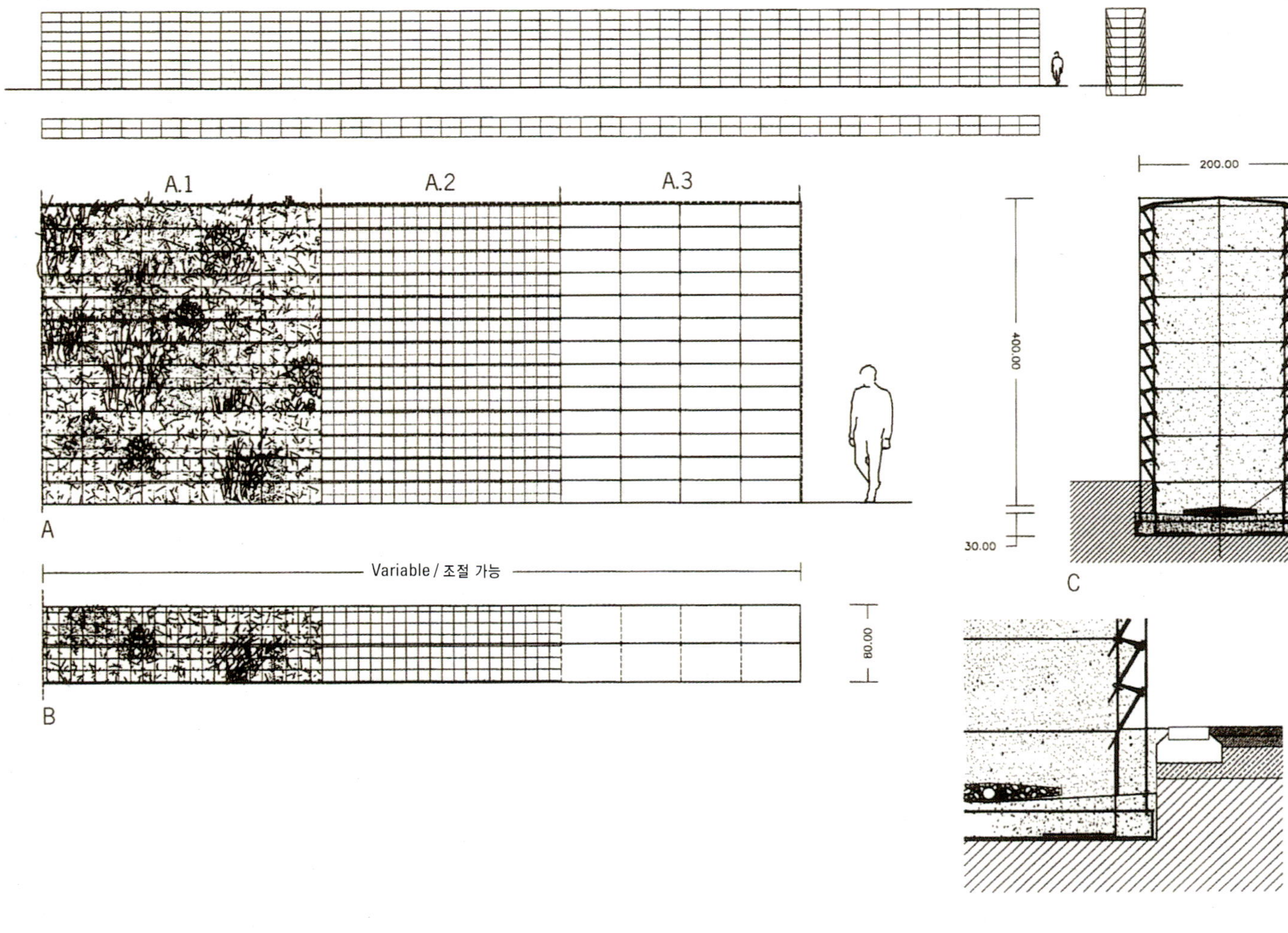
A.1
A.2
A.3
A
400.00
30.00
Variable / 조절 가능
B
80.00
200.00
C.1
C.2
C.3
C.4
C.5
C.6
C.7
C.8
C.9
C.10
C.11
C

지형 복구작업이 실시되고 있는 장소는 바로 Baix Llobregat 시에서 자체적으로 운영하고 있는 Vall d'en joan 매립지로, Begue y Gava의 Garraf 국립공원에 위치하고 있다. 이 장소는 1974년에 개장되어 바르셀로나 자체시의 쓰레기와 다른 자치시의 쓰레기를 바르셀로나 메트로폴리탄 지역에서 처리하기 위해 사용되어왔다.

현재 60ha의 면적을 갖는 곳으로, 그 중 Vall d'en joan의 통제된 쓰레기 매립지 1-2지역의 철거와 복구작업 그리고 이 지역으로의 직접적인 접근을 위한 프로젝트의 수행 결과로 20ha는 복구되었다.

복구작업은 국제정세에 발맞추기 위한 작업으로 결정되었는데, 테라스와 둑, 제방의 모양결정과 지상수 콜렉션에서 독립된 삼출액 배출 네트워크, 생화학가스 추출을 위한 네트워크 구축, 그리고 길을 만들고 식물을 새로 심기위한 단계로 진행되었다.

복구작업의 전체적인 목표는 통제된 쓰레기 매립지를 Garraf 자연보존지구로 규제하고 재건하는 데에 있다. 이 작업은 주변에 보이는 농업지대와 삼림지를 모자이크와 같은 형태로 만들었다. 그 결과 1차 생태계가 형성되기 시작했으며 개발과 자연재생을 유발시키기 위한 노력으로 주변 환경에 동화되어가면서 자생적인 발전을 이루기 시작했다.

그 지역에는 지역조건에 잘 맞는 물을 조금만 필요로 하는 생장력이 강한 토착식물을 옮겨 심었다. 식물종은 주로 산딸기류의 가시나무, 가시가 박힌 울타리와 씨, 지중해풍의 식물, 관목과 교목들 그리고 콩과 토착식물이었다.

이 쓰레기 매립지의 복구작업은 메트로폴리탄에 있는 각 마을들이 친밀해지는 것과 접근 용이성, 편리한 주차 등으로 손익을 만회하고 개방된 공간이나 이 지역 메트로폴리탄의 공원 특징을 강조하는 것을 주목적으로 한다.
이러한 요소들은 Garraf 국립공원으로의 진입지역에 적합하게 도입되어졌으며, GR 시외도로와의 연결을 용이하게 해 주었다.

3

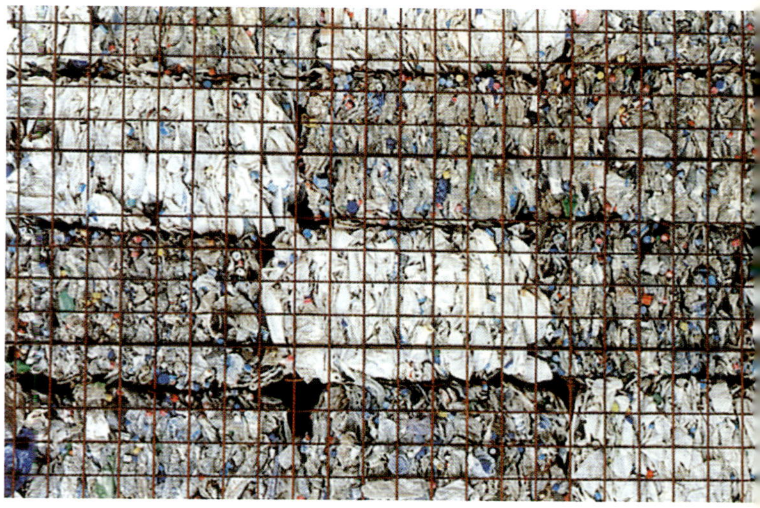

4

5

1. General plan / 부지 계획도
2. Detail of plant wall / 식물벽 상세도
   - A. Elevation / 입면도
     - A.1. Vegetation / 식물
     - A.2. Galvanized netting / 아연 도금된 그물망
     - A.3. General breakdown / 전체 지지체
   - B. Ground plan / 기초층 평면도
   - C. Section / 단면도
     - C.1. Stay hooks / 버팀 훅
     - C.2. Mesh, 15×15×8 / 그물망, 15×15×8
     - C.3. Topsoil infill / 표토
     - C.4. Galvanized mesh, T.T. 10-15×8 C.60 / 아연 도금된 그물망, T.T.10-15×8 C.60
     - C.5. Polypropylene mesh exterior finish / 폴리프로필렌 그물망 외부마감
     - C.6. Drip installation / 급수 장치
     - C.7. Drainage / 배수구
     - C.8. Wooden path / 목재 통로(데크)
     - C.9. Asphalt / 아스팔트
     - C.10. Tot - U artificial hardcore, 20 Cm thick / 두께 20 Cm의 Tot – U 인공지반
     - C.11. Reinforced concrete groundslab / 철근 콘크리트 지면 슬라브
3. Dump / 쓰레기 더미
4. Packed waste / 쓰레기 꾸러미(pack)
5. Wall of waste / 쓰레기 벽
6. Entrance to grounds / 부지 입구

6

7

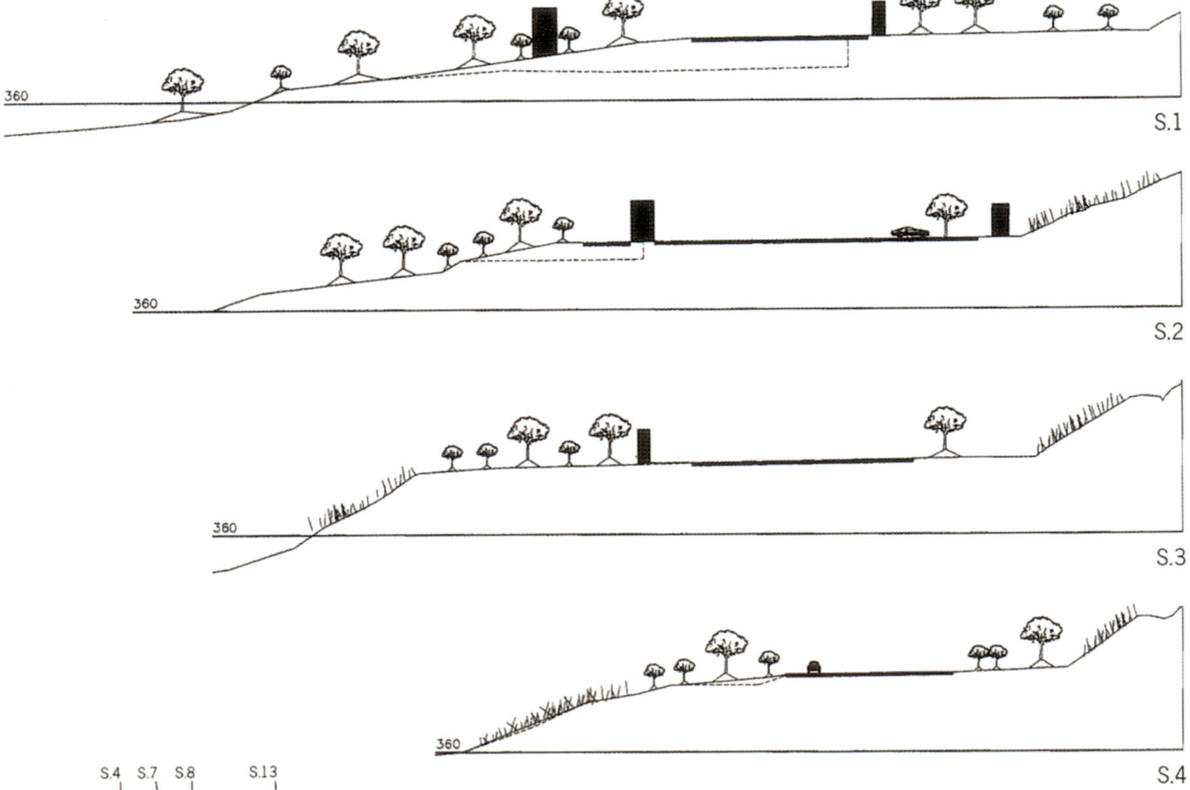

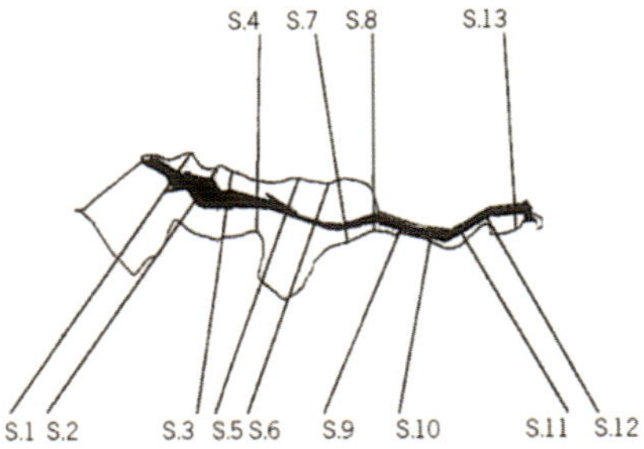

7. Cross sections / 횡단면
8. Entrance to grounds / 부지 진입구
9. Packed earth / 흙 꾸러미
10. Access path with dump in background / 쓰레기 벽이 뒤 배경으로 보이는 접근도로
11. Viewing point / 조망점

8

9

10

The landscape restoration site is Vall d'En Joan Controlled Landfill in Garraf Natural Park, in the municipality of Begues y Gava in the Baix Llobregat district. The site was opened in 1974 and has since been used for most of the domestic waste of Barcelona and other municipalities in the Barcelona metropolitan area.
It currently covers 60 hectares, of which 20 hectares have been restored as a result of the 'Executive Project for the Closure and Restoration of the Vall d'En Joan Controlled Landfill Site zone 1-2 and direct accesses to this area.
The restoration project was decided as a global action, defining topographical criteria for the shaping of terracing and embankments, leachate drainage network independent from above-ground water collection, bio-gas extraction network, paths and replanting, to be done in stages.

The aim of the overall restoration project was to reintegrate the Controlled Landfill site into the Garraf nature reserve. This was done by employing the resources of the nearby mosaic of agriculture and woodland and encouraging the development and natural regeneration of the primary eco-systems thus established, which in time will evolve and adapt to the surrounding environment.
The area was replanted with hardy indigenous species with few water requirements, well-suited to the local conditions.
The vegetation was organised into structures such as brambles, thorny hedges and weeds, typically Mediterranean; trees and shrubs; and indigenous leguminous plants.

The restoration of the landfill site aims to emphasise the open space or metropolitan park character of this area, which can be recuperated because of its closeness to various towns in the metropolitan region, ease of access and space for parking. These factors make it suitable for creating an entrance area to Garraf Natural Park and linking it with the GR long-distance path.

11

균류정원
The fungic garden

Architects:
Benjamin Avignon • Saweta Clouet

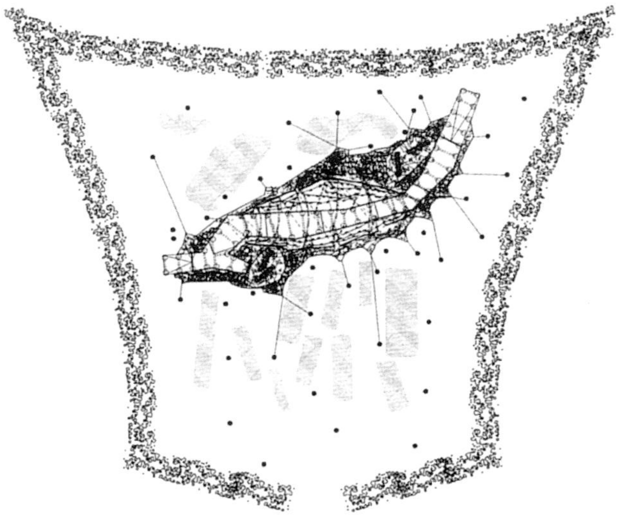

Location:
2001 Chaumont-sur-Loire International Garden Festival. France

Area:
250㎡

Contractor:
C.I.P.J.P.

Photographs:
Benjamin Avignon & Alexandre Bailhache

풍부한 다양성을 보여주는 무대로서 버섯정원이나 곰팡이 문화를 들 수 있다.
이 정원 입구에는 무엇이 숨어있을까? 까맣게 탄 나무와 나비 번데기가 레이스처럼 다닥다닥 달라붙어 있는 나무는 매우 대조적인 모습으로 작은 토지에 좁고 긴 땅 위의 풀과 함께 심어져 불가사의한 장식을 보여주고 있다.
관광객들이 이 정원에 들어오면 그들은 표면이 다듬어진 매끈한 돌로 만들어진 오솔길을 보게 된다. 이 오솔길의 이름은 Petri Dish로 250-300종의 서로 다른 곰팡이로 구성되어 있다. 이 오솔길은 또 하나의 폐쇄적인 성격의 정원을 형성하며 왕새우잡이 통발에 가득 붙어있는 나비들은 방문객들에게 좁지만 풍부한 색감이 향연하는 토지로 초대한다.

우리는 이 작업을 지층의 순서대로 계획했다. 방문객들은 그들의 호기심이 이끄는 대로 연속적인 층을 차례차례 거치면서 관람하게 된다. 곰팡이균에 대한 작업의 규모는 실로 엄청나다. 그것들은 상하기 쉽지만 작고 귀중한 자연의 산물이다. 또 우리는 대단한 양의 나비 번데기의 아이디어를 발전시켜 보통 탁상용 작은 그릇을 받치는 깔개에서나 볼 수 있는 무늬와 연관시켰다. 칼레식(프랑스 북부 항구 풍)의 레이스무늬와 연관시켰다.

약간 질이 떨어지는 이 제작품은 거미줄을 모티프 삼아 아주 섬세하고 투명하며 프랑스 샹티이 숲 풍의 장식으로 완성되었다.

이 정원의 일반적인 계획은 다음과 같다 : 하얀색으로 배열된 굵은 실에 섬세하게 매달린 하얀색 고치는 가지가 잘려 까맣게 탄 나무숲의 중간을 가로지르며 자리잡고 있다. 정원의 바닥은 검은색 고무조각으로 완전히 덮여있는데(탄력성 있는 바닥), 이는 두꺼운 초록색의 잔디 띠나 작은 포켓을 이용하여 때때로 그들의 형태가 돋보이도록 한다.

고치는 다음과 같이 나눠지게 된다:
- 산책로는 표면이 매끈한 돌이 모자이크 형태로 덮혀있다. 그것의 질감은 낭뜨거리의 포장을 본 따온 것으로 마치 화석과 같다.
- 고치는 하얀색 플라스틱 별 모양의 것의 중앙에 달려있는 프랑스의 칼레 풍의 레이스로 부서진다.
- 고치는 금속 틀에 고정시키기 위해 나무와 층에 달려있는 용수철처럼 배배 꼬아져 있다.
- 틀을 감싸는 한 편이 30m가 되는 폴리에틸렌 발포체가 회전하고 있다. 내부에서부터 두껍고, 짙으며 불투명한 이것은 잘 작업된 레이스와 경쟁한다.
- 60개의 작고 섬세하며 꼬여진 강철막대로 배치되어 있다. 그것은 각각의 끝이 발포체를 관통하며, 금속 틀의 바깥쪽에 고정되어 있다.
- 신축성이 있는 작은 구멍으로부터 생겨나온 고리로 배양균을 가지고 있는 350개의 Petri Dishes가 유지되고 있다.
- 두 개의 레이스의 고치 발포체는 입구와 출구로 나눠진다. 나비들을 위한 레이스의 왕새우잡이 통발모양은 가시나무의 넝쿨과 랩스베리 수풀에서부터 생겨나는 게 관측된다.

The fungal garden or the mould-culture, as an excuse for staging living organisms with a rich diversity: moulds.
What lies behind the entrance to this garden? An enigmatic dcor where strips planted with grasses contrast with charred trees and a lace chrysalis attached to the trees at the end of the plot. When visitors enter the garden, they see a path of bush hammered lead, Petri dishes full of moulds (250-300 different species) forming an authentic enclosed garden and lobster pots full of butterflies that invite the passer-by to pay attention to the rich, colourful perspectives of these micro-landscapes.
We structured our project as a sequence of strata, successive skins that the visitors would have to pass through before reaching the object of their curiosity, The question of scale is paramount when working with moulds. They are such fine, precious natural objects, so fragile and so small. Consequently, we decided to develop the idea of an enormous chrysalis and associate it with a material that is normally seen in doilies but never as a single 120㎡ cloth: Calais lace. Very kitsch, the fabric has a spider-web motif, very fine and transparent, with 'Chantilly' ornamentation.
The general plan of the garden is as follows: a white chrysalis, very delicately suspended by an array of thick white threads, is placed across the centre of a wood of charred trees with lopped-off branches. The floor of the garden, completely covered in chips of black rubber (elastic floor), allows bands or pockets of a thick green grass to make their appearance from time to time.

The chrysalis is broken down into:
- a path covered by a mosaic of bush hammered lead plates. Its texture is like a fossil, bearing the imprint of the paving of the streets of Nantes.
- a cloth of Calais lace suspended through the centers of whitish plastic stars.
- a metal framework twisting like a spring, attached to the floor and the trees for stability.
- a roll of polyethylene foam, 30m long in a single piece, surmounting the framework. Thick, dense, opaque, from the interior it competes with the finely worked lace.
- a set of 60 small, fine, twisted steel bars with marked edges. They pierce the foam at each end and fix onto the exterior of the metal frame.
- the 350 Petri dishes that contain the mould cultures, attached to the bars by claws that emerge from eyeleted elastic.
- at the foam cocoon's entrance and exit, two lobster-pots of lace for the butterflies are discovered emerging from clumps of bramble and raspberry bushes.

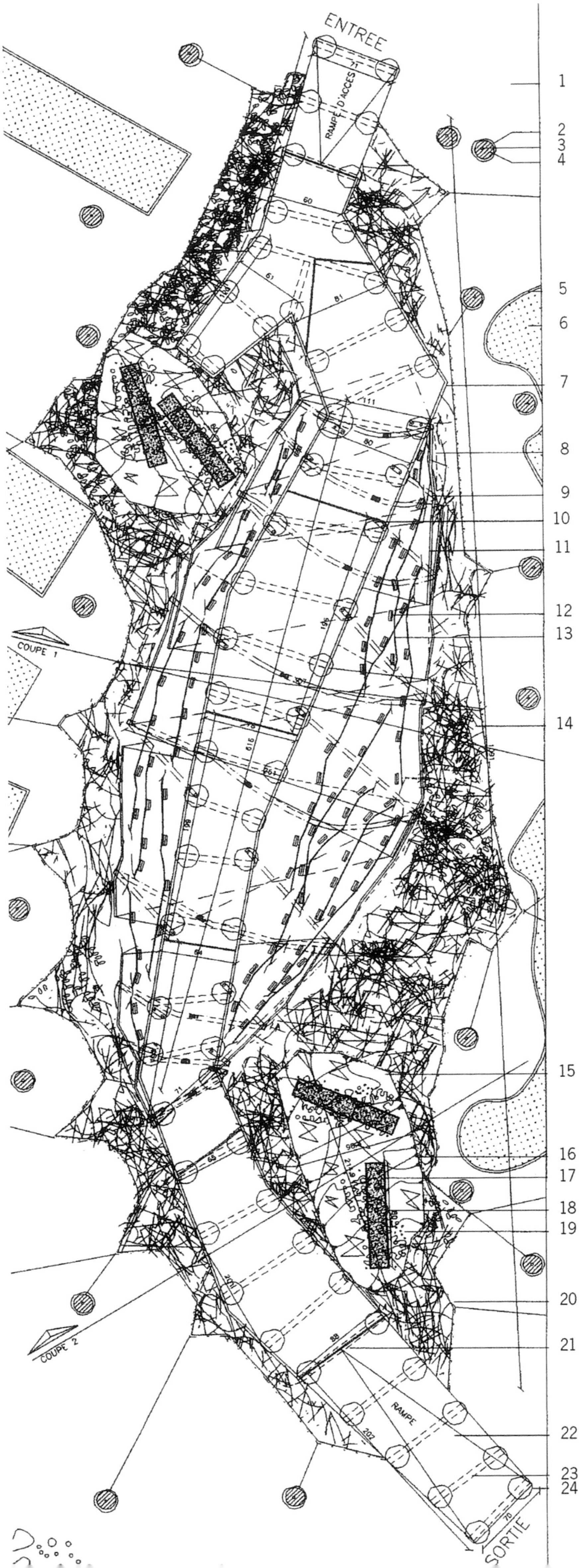

1. Rubber chip floor covering 4-9mm / 고무칩 바닥재 4–9㎜
2. Concrete foundation / 콘크리트 기초
3. Vertical reinforcement rod 20mm / 수직 보강제 철근 20㎜
4. Charred trees / 그을린 나무
5. Protective edging of wooden planks / 경계가 마감처리 된 목재판
6. Uncut grass. 30cm high / 긴 풀, 높이 30㎝
7. Lead edge / 납 테두리
8. Flat metal struts, 50×5cm, bolted to the structure / 평면 금속 가새, 50×5㎝, 돌출구조
9. Primary structure in steel. Arches formed from bolted 50×5cm flat bars / 스틸구조물, 50×5㎝ 평면막대로 조여진 아치형태
10. Expanding bolts fixing arches to concrete foundation under path / 콘크리트 기초 밑에서 인장볼트로 아치를 고정시킴
11. Polythene foam roll (30m) 20mm thick riveted to structure / 20㎜ 두께의 리벳으로 고정된 Polythene 폼(30m)
12. Petri dish with mould, held by steel claws / 스틸 고리에 의해 형태가 고정되어 있는 실험용 접시
13. Bar to support claws emerging from foam through incisions / 절개를 통한 거품을 이용하여 막대를 고리로 지원
14. Brambles + raspberry bushes / 가시나무 + 라즈베리 덤불
15. Lace butterfly cocoon with Velcro opening / 열리고 있는 벨크로 상태에서 레이스 나비누에고치
16. 'Crazy' supports in twisted wire / 비틀리는 철사의 '무너질듯한' 지원
17. Planter on pedestal / 주춧대 위의 재배자
18. Concrete foundation / 콘크리트 기초
19. Plants to feed butterflies / 나비먹이를 제공하는 식물
20. Lace envelope, Lesvers motif, 64m / 레이스 봉투, Lesvers 주제, 64㎡
21. Stapling of lead plates, with rubber joint / 평면납판을 고무로 연결하여 고정
22. Wooden path, Aggio Marine, 19mm thick, covered in lead plate, 2m, beaten in cobblestone pattern / 목재 산책로(덱크), Aggio Marine, 19㎜의 두께, 평면납판을 두들겨 2㎡의 자갈패턴으로 완성
23. Deal, 150×50mm / 규격, 150×50㎜
24. Concrete foundation / 콘크리트 기초

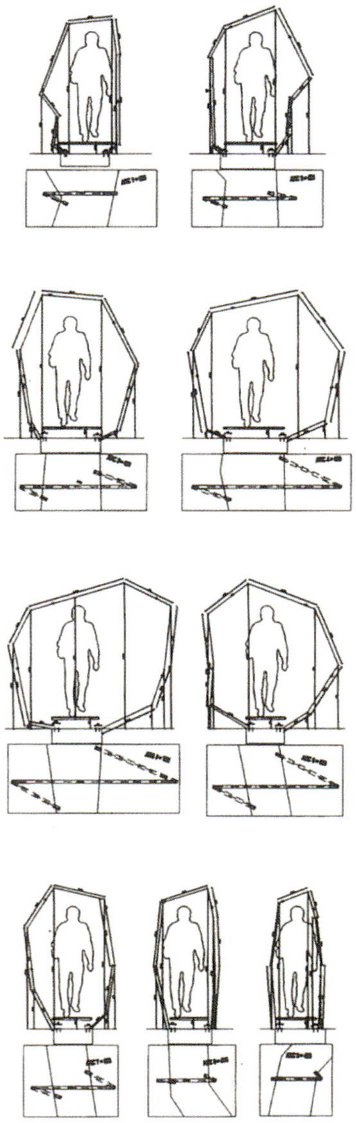

균류는 Petri Dishes(실험용 접시. 아예 밀봉된 것 보다는 에워싸진 정도의)에 의해 확산을 저지당한다. 급속한 증가(350 마이크로시스템)에도 불구하고 다양한 색채경관을 만들어낸다.
매우 풍부한 그래서 이곳을 지나가게 되면 색과 재료의 풍부함으로 구성된 개방된(비어있는 것이 아닌) 공간을 경험할 수 있다.

The moulds, their expansion confined by the Petri dishes (resembling a garden that is enclosed rather than hermetically closed), thanks to abundant multiplication (350 microsystems) nonetheless constitute a vast landscape of colourful textured perspectives. The numerous therefore, an open (and not empty) space composed of a great richness of colours and materials in movement.

수준 높은 음악교육을 위한 센터 산티아고 데 콤포스텔라
Centre for Higher Musical Studies Finca Vista Alegre, Santiago de Compostela

Architect:
Anton Garcia-Abril Ruiz

Surveyor:
Javier Cuesta

Assistants:
ENSAMBLE STUDIO

Andres Toledo
Arantxa Oses
Bernardo Angelini
Claudia Gans
Debora Mesa
Eduardo Martin Asuncion
Guillermo Sevillano
Johannes Gramse
Nacho Mari

Client:
City of Santiago Consortium

Structures:
Antonino Reboreda

Installations:
Obradoiro Eincenieros

Stonemasonry:
Granichan

Photographer:
Roland Halbe

Site plan / 위치도

Model / 모델

Elevations / 입면도

산티아고 콤포스텔라의 음악교육을 위한 센터 프로젝트는 Vista Alegre라는 산티아고의 주변 지역 중 가장 녹지가 넓게 펼쳐진 곳에 위치한다.
대학공원으로 묘사된 것처럼 Vista Alegre지구는 학문과 연구작업에 연관된 활동과 관련된 빌딩들이 모여 있다. 여기서는 심화된 공부를 할 수 있는 센터인 IDEG(대학연구센터)와 음악교육을 위한 센터 또는 Galician 오케스트라 음악가들을 훈련시키는 등의 활동을 제공하는 'House of Europe'을 쉽게 찾을 수 있다.

그 계획은 음악교육의 질적 향상을 위한 강의실 마련을 위해 건물을 증축하는 것을 목적으로 이루어진 제안공모에서 그 유래를 찾을 수 있다.
비대칭적인 연습공간들은 Portela에 의해 같은 재료와 유사한 크기로 건축물로 정해진 계획에 의해 만들어졌다. 특히 음향과 음색 그리고 공간과 소재들은 더욱 명백해지고 섬세해졌다.

다른 규모의 건축물을 인지하는 것은 건축에 대한 이해수준의 단계를 규정한다. 건축물을 멀리서 보게 되면 건축물 자체를 땅 위에 떨어뜨려 놓은 것 같은 인상을 준다. 이것은 아무런 연속성은 없으나, 땅의 표면을 구성하는 초록색 풀의 카펫 위에 밀착된 듯이 보인다. 건축물의 실루엣이 정원에서 한정적인 방향으로 정육면체 형태의 돌같이 잘라져 나와 있다.

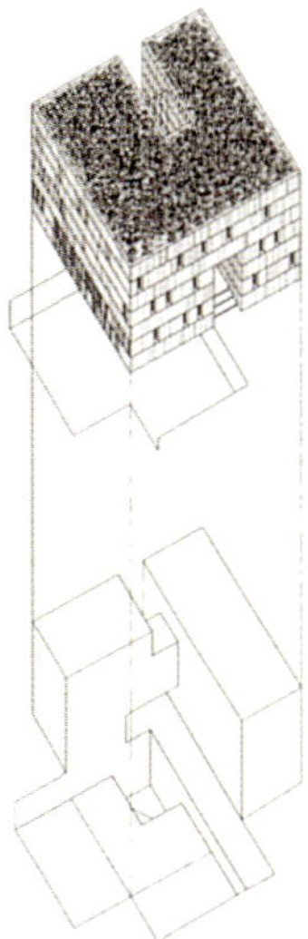

중간 정도의 적정거리에서 이 건축물을 보았을 때 우리는 거의 완벽한 형태를 형성했을 만한 한계선을 들여다보게 되는데 이 제한은 완벽한 형상을 갖추기 전에 형성되는 것으로 정확하게 정의 내리기는 어렵다.

갈라진 선의 흔적, 흩어진 가장자리 그리고 피상적인 빛의 진동, 재료와 7개 부분의 리듬에 고정된 그림자 등에 의해서 말이다.
우리는 이것을 정의 내리기 위해 더 가까이 접근하게 되나, 이러한 행동은 그 형태를 더 더욱 알아보기 힘들게 하는 행동밖에는 되지 않는다.
조각들은 튀고, 그것은 눈에 거슬리는 형태로 표현되고 있으며, 건물의 구조적인 규모는 구멍의 크기와 위치에 의해 결정된다. 구멍의 간격에 따라 생기는 그림자의 변화에 의해 축소되어 보이는 개체를 위에서 빛이 파고들어가는 것을 볼 수 있다. 그런데 두 개의 큰 구멍들은 커다란 내부 음향을 관리하는 효과가 있다.

건축작품은 외관이 화강암인 돌로 만들어져 있는데, 화강암이 좀 더 쉽게 분리되도록 하기 위해, 불규칙적인 자연표면을 찾는 돌들로 만들어졌다.

Basement floor / 지하층 평면도

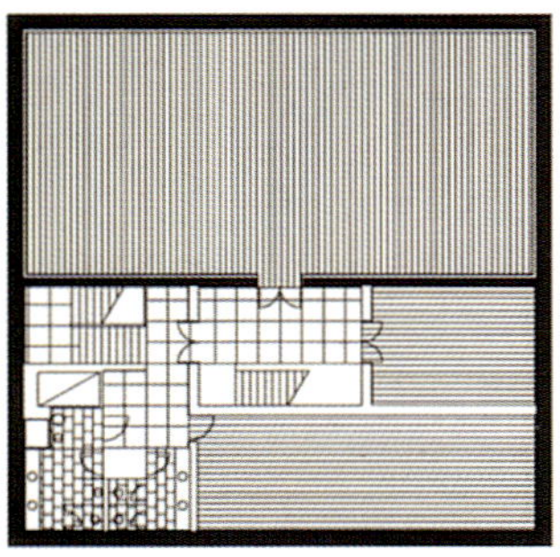

Ground floor / 지면층 평면도(1F)

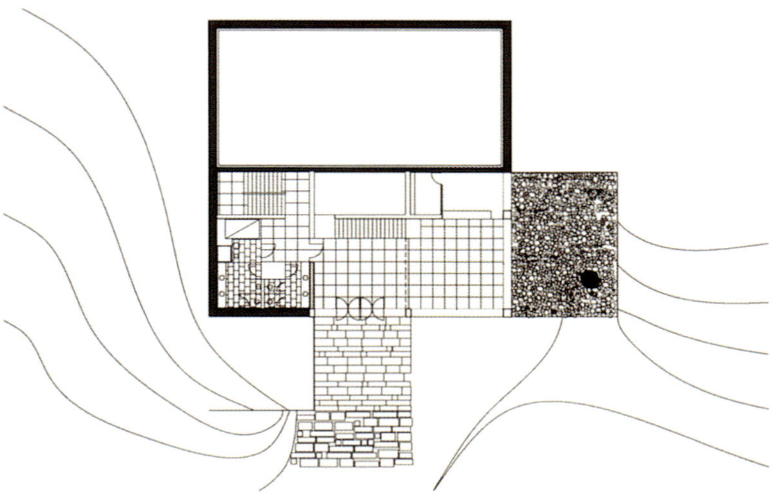

First floor / 1층 평면도(2F)

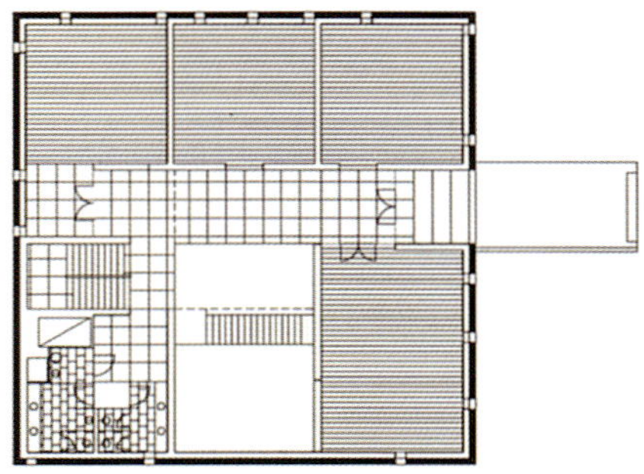

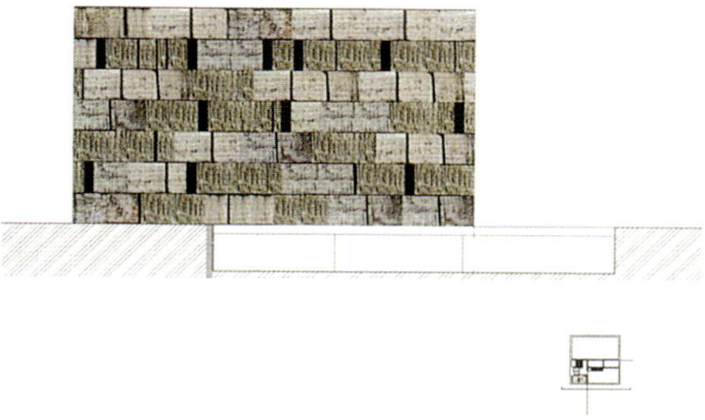

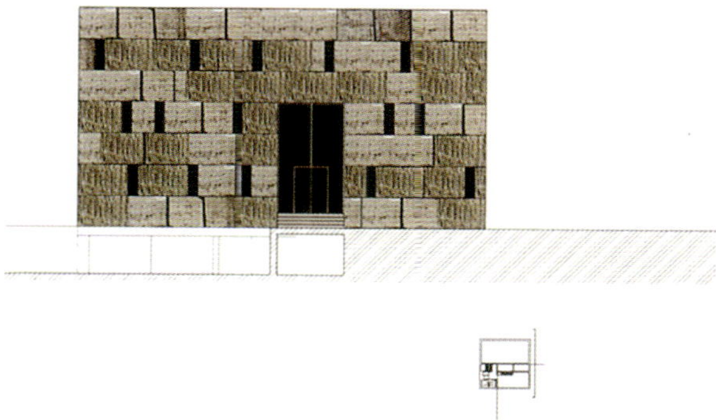

Second floor / 2층 평면도(3F)

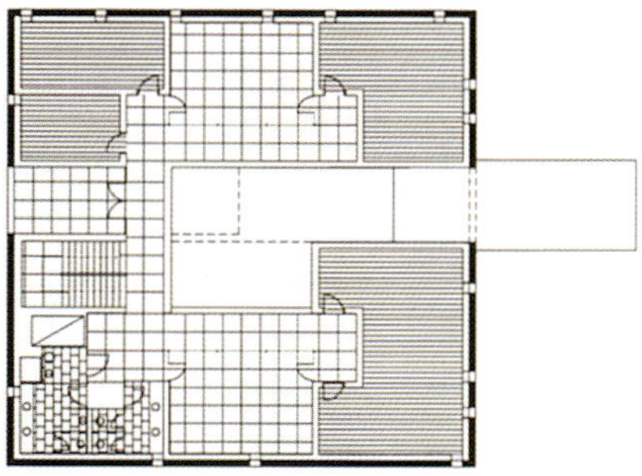

Third floor / 3층 평면도(4F)

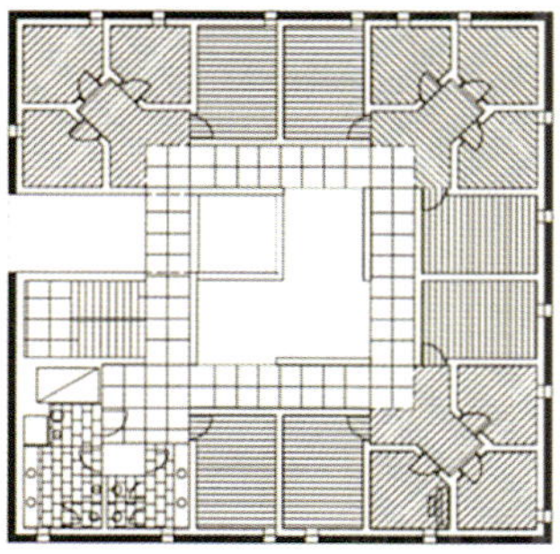

Roof floor / 옥상 평면도

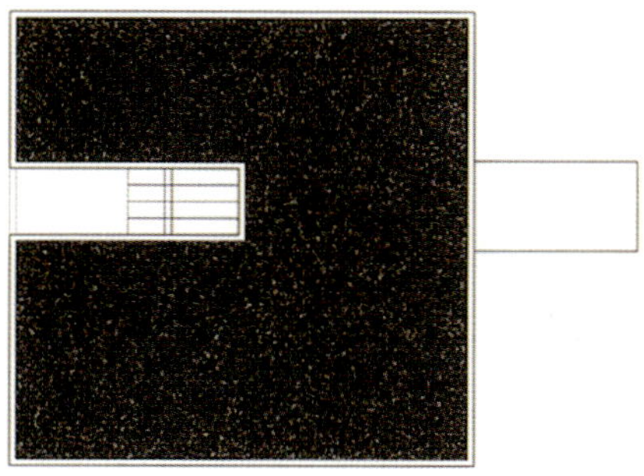

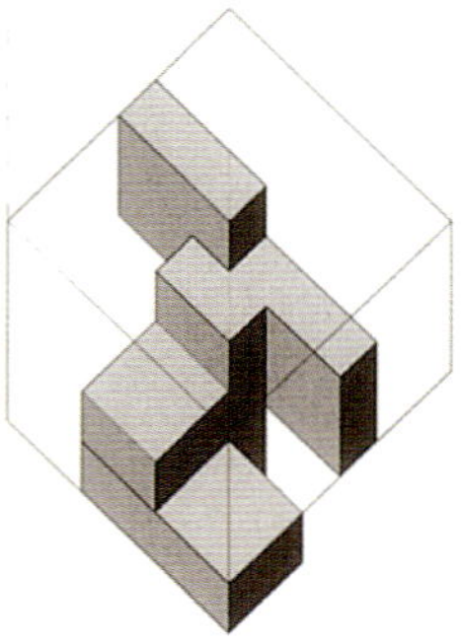

돌의 제작방법에는 드릴을 이용하는 것과 경계면을 이용하는 것이 있다. 하지만 재고한다는 관점에서 보면 구조적으로 시작단계에서 돌을 잘라낸다는 것은 매우 힘이 드는 일이다. 고대 이집트나 로마시대의 역사에서 배웠듯이, 돌의 구조적인 표현에 대한 견지를 찾아낼 수 있다.
기능적인 측면에서 보면, 디자인을 결정하는데 있어, 각기 다른 방마다 음향학적인 요구사항이 있다. 더 큰 음향효과를 필요로 하는 공간이 왜 더 단단한 기초를 가진 곳과 연관되어야 하는지에 대한 이유이기도 하다.
이와 같이 큰 교실은(강당, 전기 음향실, 타악기 실 등) 이벤트성 관객들을 유치할 수 있고 많은 수의 학생들을 수용할 수 있다.

위층은 안쪽에 위치한 고리를 통해서만 걸을 수 있으며 이 규모는 높아질수록 점점 더 줄어든다. 위층은 학생들의 공부방이나 선생님들의 사무실로 쓰인다.

프로젝트의 표현은 다양성의 대우와 그것을 가능케 하는 공간의 활용, 재료선택 등에서부터 기인된다. 공간왜곡은 오히려 조화로 승화되어졌고 결국 공간적인 요소와 재료적인 요소의 욕구를 모두 순수하게 이끌어 내는 역할을 하게 되었다. 빌딩은 간단하고 심플한 형태를 기본으로 하였고 공간적인 반향을 최대한으로 이끌어내어 빌딩의 외부에는 정원이나 물, 빛으로 장식을 하였다. 내부는 외장재인 돌로 장식을 하여 외부공간과의 조화를 이루었다(혹은 바깥 장식과 대조를 이루는 것일수도 있다).
이 프로젝트의 목표는 Galicia 건축을 기반으로 하고 있으며 건축물이 지어지는 장소의 문화와 기후 그리고 여러 전통적인 기억들에 중점을 두고 있다. 결국 궁극적인 목표는 이 빌딩이 그 한 자리에 항상 있었던 것과 같은 느낌을 주는 것일 것이다.

The project of the Musical Studies Centre in Santiago de Compostela is located in the Vista Alegre plot of land, one of the most relevant green areas in the surroundings of the old quarter of Santiago.
Described as a university park, the Vista Alegre plot of land hosts a group of buildings link to activities related to academic and research practices. Here it's possible to find the House of Europe, the Advanced Studies Centre, the IDEGA (a university research center) and the Centre for Musical Studies, dedicated to postgraduate studies for musical improvement, intended for the training of the Galician Orchestra musicians.
The proposal has its origins in a competition asking for the insertion of a pavilion which program demanded the development of classrooms for the education of music, with defined volumetry, highness, occupation and materials, in a non-symmetric exercise, as it's set against the pavilion built by Portela, made of the same materials and similar dimensions.
The perception of the building at different scales defines levels of comprehension. From the distance, the building lets itself fall on the land. It sticks, without any continuity, to a carpet of green grass that makes up the surface of the plot of land, cutting out its silhouette in the space of the garden in a strong definitive way, like a rock with cubic will.
If we look from a middle distance point, we gaze the border, the limit that before shaped an almost perfect form, leads to the lack of definition; the trace of a broken line appears, distorting edges, and a superficial vibration of light, material and shadow fixed to a rhythm of seven parts. We move closer and the shape is broken; the pieces jump, expressing its abrasive materiality and defining holes which provide the constructive scales of the building, incisions of light that tear the facade that saw from the distance transform the hole into a shadow which talks about subtraction

of mass by light in a vertical element. While the two big perforations are a direct result of the big interior volume.
The masonry granite work of the facade it's made of stones opened "on the contrary side", searching for the spontaneous natural surface of "stereomity" which allows the granite to be ripped more easy.
It's a constructive system that uses techniques of drill to break the piece of stone, using as well the border sides, but in the context of a reconsideration labour of the constructive process of opening and cut off the stone.
There's a search of the constructive expression of the stone, as we've learnt from the history, going back to Egypt and Rome.
From the functional point of view, the acoustic requirements of the different rooms where determinant on the design. This is the reason why the spaces which require bigger acoustic needs, are linked to a big buried concrete basement, which conforms the setting of the building, the accesses and regulates the slopes of the topography. These are the bigger classrooms (auditorium, electro acoustic, percussion rooms), capable of hosting a large number of students and eventual audience.
The upper floors are ordered "by wheels" walkeable by the inner ring and which size and public character decreases the higher they get. The upper floor is dedicated to study rooms and teachers' offices.
The expression of the project comes from the contraposition and duality, that in the scale, the timbre and its materials, build the space reaching complexity, The distortion, superimposed to the harmony, evokes the purity of both spatial conditions bringing about interest both in material and spatial terms. Beyond canons, the building wants to develop architectonic concepts within a simple composition and geometry, taking in the spatial resonance from the echoes of its limits, that in the outside are represented by the carballeira, the garden, the water and the Galician light, and in the interior the stone surfaces cut from the outside (or maybe they exploit from the confrontation with it), and configure the space).
The aims on the project are a deeply rooted to Galicia architecture, considering its cultural and atmosphere particularities, emphasizing the memory of the place. It seems that the building was always there.

독일 피오토에 위치한 중세시대의 요새 재건축

Renovation of medieval fortress in Vlotho. Germany

Architects:
LOMA
Petra Brunnhofer, Ilija Vukorep & Wolfgang Shuck

Building site:
Near Bielefeld

Project date:
Summer 1998 (Competition 1st. Prize)

Completion:
2003

Photos:
Simone Scardovelli y and LOMA

The town of Vlotho lies in the beautiful landscape of the Weserbergland, the strip of country that is crossed by the river Weser. The castle is located on a hill next to the city centre and can be reached on foot. The competition contribution was linked to the EXPO 2000 in Hanover. The resulting design is intended to create a contemporary layer of time.

The medieval ruins have been a tourist attraction since the end of the 18th century. The plateau offers an outstanding view of the countryside below. When arriving by car, one enters the courtyard through a massive gate. Various vistas are created. A balcony prompts contemplative study of the landscape. But there are other attractions too: the main building, known as the "Palas", the underground vaults and a well that features in local fairy-tales. There is a broadcasting tower used by a local radio station and a wooden stage for the city's various cultural activities. When looking at the ensemble one can recognize the different time layers. The project is an innovative interpretation of building in a historical context because it is not only a reconstruction, which would have been impossible anyway, but also an atmospheric interpretation of what remains.

The project's realization was greatly supported by the open-mindedness of the town authorities, who supported the process in every possible way. Most important to the grounds is the public use of free space. During the daytime it is favoured by schools and kindergartens, in the evening it serves as a beer garden.
The central element on the site is a platform known as "the parquet of stone". This extended terrace is paved with a warm, porous natural stone which combines the different time layers. A path leads to the viewing point on the balcony, Various vistas are created. For example, the stairs leading to the path down to the city are emphasised. The path crosses the former moat and its cubic wooden benches are an invitation to pause and admire the picturesque views. It leads to the pedestrian precinct next to the pharmacy.

The main castle building or "Palas" also shows the straightforward approach of the three young designers. The interior is a hall. The antique walls vary in height. The difference between ancient and contemporary is readable due to the flat steel roof.
The technical construction of columns and tension cables is hidden by semi-transparent metal covers. This leads to a closed inside which is still open. The limited details of the construction are unpretentious. A technical fabric hides the roof surface inside. The ornaments that have been applied are taken from the coat of arms of the town of Vlotho. The nonflammable material shines bright orange, the appliques are coloured dark red. This creates an atmosphere of knightly festivities. Today, celebrations are held here again. The open-air hall is at everyone's disposal.

피오토 마을은 Weser강이 흐르는 한 작은 지방, Weserbergland의 아름다운 경관이 펼쳐지는 곳에 위치한다. 이 성은 걸어갈 수 있는 정도의 거리에 있는 시 중앙의 옆에 위치한 언덕 위에 자리잡고 있다.

대회의 공덕은 2000년에 하노버에서 열렸던 엑스포와 연관된다. 결정된 디자인은 동시대 시간 층의 창조를 의도한 것이다. 중세의 옛터는 18세기 후반부터 관광객들의 흥미거리가 되어왔다. 고원은 밑으로 내려다보이는 아름다운 전원경관을 제공한다. 차로 도착하면 커다란 문을 통해 안뜰로 들어가게 된다. 다양한 전망들이 만들어져 있다.
발코니는 경관에 대해 명상에 잠길 수 있는 볼거리를 제공한다. 그러나 그곳에는 더 많은 흥미 거리가 있다: 'Palas'라고 알려진 중심 건축물, 요정이 나오는 동화책에나 나옴직한 지하저장실이나 우물들. 그쪽에는 또한 지역 라디오 스테이션으로 사용되던 방송국과 도시의 다양한 문화활동을 위한 나무로 만든 무대가 있다. 이 모든 것을 한눈에 보면, 시간차에 따라 지어졌음을 알 수 있을 것이다. 프로젝트는 역사적 측면에서 건물의 혁신적인 설명이다. 왜냐하면 이것은 단순한 재건축이 아닐 뿐만이 아니라 남아있는 것들에 대한 희미한 이해이기도 하기 때문이다.

이 프로젝트의 실현은 개방적인 사고를 가진 마을의 권위있는 사람들이 가능한 모든 방법을 동원한 큰 후원에 힘입어 이루어지기 시작했다. 대상부지에서 가장 중요한 것은 대중들이 비어있는 공간을 어떻게 이용하느냐 이었다. 낮 동안에는 학생들과 유치원생들이 좋아하는 공간으로, 저녁에는 맥주를 마시는 광장으로 사용되었다.
그 장소의 중심요소는 돌의 '쪽모이 세공'이라고 알려진 연단이다. 확장된 테라스는 다른 시대에 만들어진 층이 있는 따뜻하고 다공성의 자연석으로 포장되어 있다. 길은 발코니에서 보이는 쪽으로 인도되고 있다. 그래서 다양한 전망이 창조된다.

일례로 도시로 가는 길로 향하는 계단은 강조되어졌다. 그 길은 예전의 인공수로(垓字, 해자)를 가로질러 통과하고 있으며, 입체적인 나무벤치는 그림 같은 주위경치를 잠시 멈춰서 감상하기 위한 초대석이다. 그것은 약국 옆에 있는 보행자 구역으로 이어진다.

성의 중심건물 또는 'Palas'는 3명의 젊은 디자이너들의 솔직한 접근이 나타나 있다. 내부는 홀로 되어 있다. 고풍스러운 벽은 높이가 다양하다. 고대와 현대의 차이는 평평한 강철지붕에서부터 읽을 수 있다. 기둥의 구조기술과 인장케이블은 반투명한 금속커버에 의해 숨겨져 있다. 이것이 아직은 열려있는 닫쳐진 내부공간으로 연결된다. 구조의 제한된 세부사항은 매우 절제되어 있다. 기술적인 주조품은 지붕의 표면 아래에 숨어 있다. 설치되어 있던 장식품들은 피오토 마을에서 나온 것이다. 불가소성 물질은 밝은 오렌지 빛으로 빛나고 장식품들은 짙은 빨간색이다. 이것은 기사다운 축제의 분위기를 만들어낸다. 오늘날, 여기에서 축하연이 다시 열린다. 하늘을 향해 뚫려 있는 홀은 모두의 자유로운 처분에 맡겨진다.

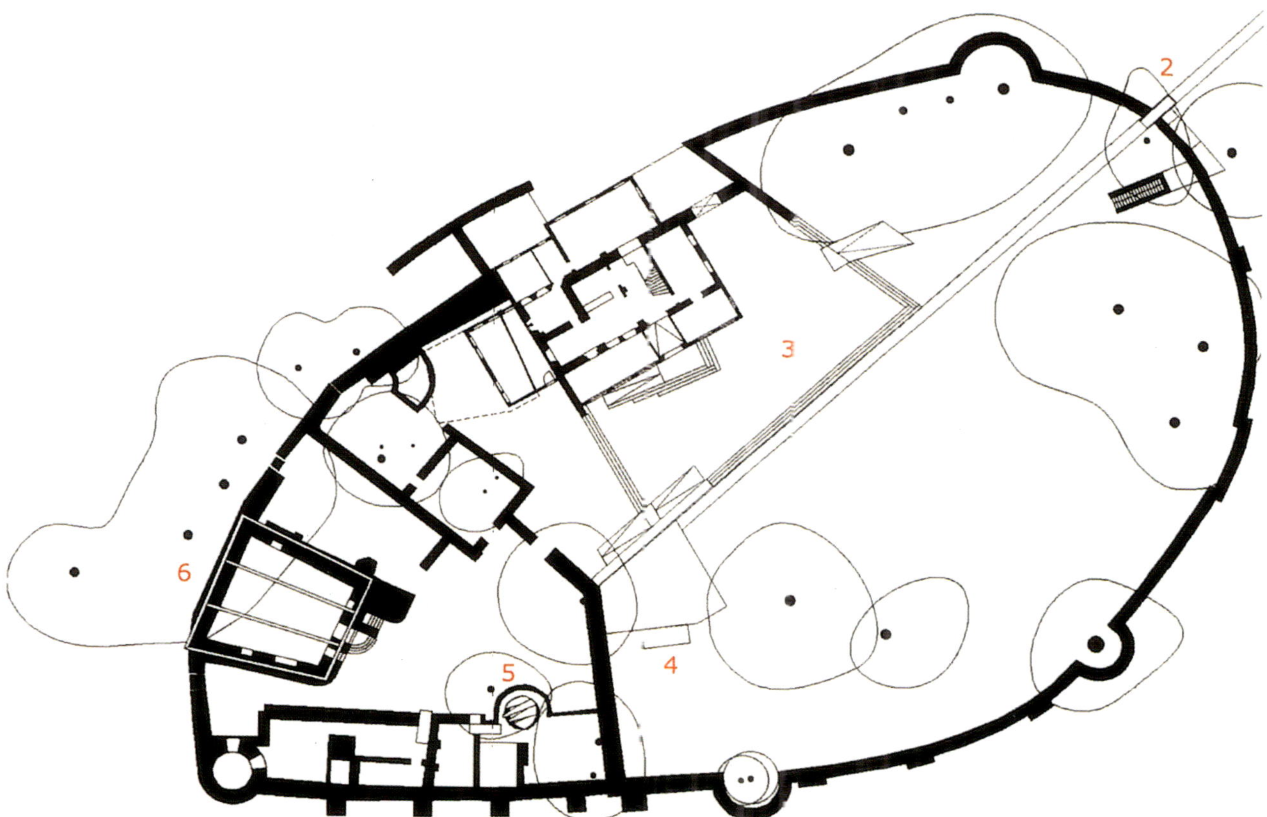

Site plan / 배치도

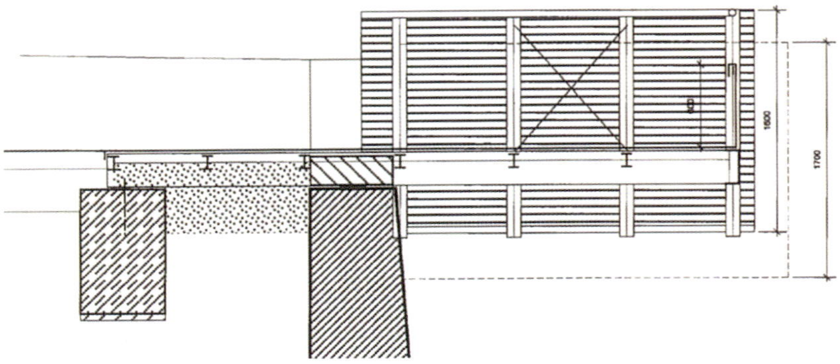

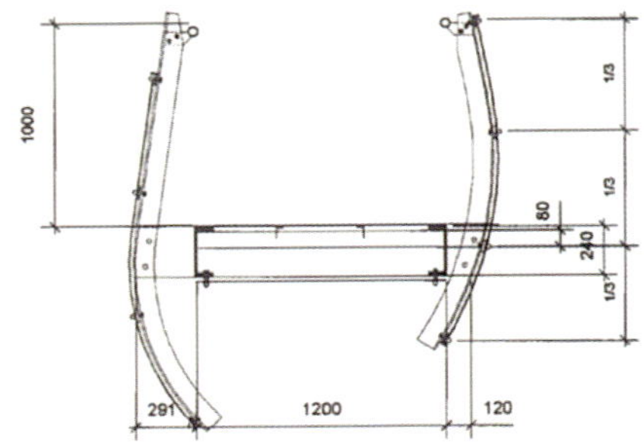

Detail / 상세도

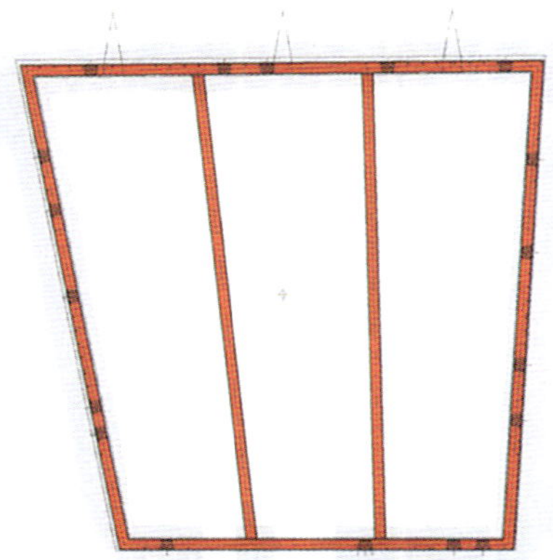

Floor / 1층 평면도

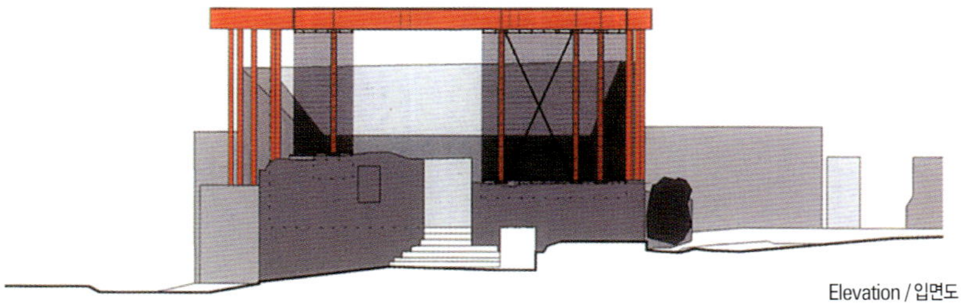

Elevation / 입면도

The character of the castle also becomes apparent when entering the cellar of the old knights hall. The former prison is illuminated by green light to emphasize the mystical character of the maturing vaults. Due to the poor state of the existing fabric, the walls have been rebuilt and complemented with gabions, large metal baskets filled with stones. The entire new ensemble is well-defined and the defensive character of the complex is recreated.

The broadcasting tower, standing in the middle of the plateau, is part of the ensemble although it has a different function. This sculptural structure is 50m high, which is accentuated by its expressive form. Eight closed planes in trapezium shape are the main design elements. The tower has a slim middle like a waist, so its gracious shape integrates the technical construction into the poetic context. The liveliness of the tower is created by overlaying the transparent metallic fabric onto the steel construction. The facade of the tower that faces the main plateau is lifted away from the construction. The workmen's entrance is hidden. Underneath the tower is a room for technical installations. It also supplies the adjacent stage with power. The performance space is made of massive oak and acts as outdoor furniture.
It can be used as a stage but can also be converted into a playing are for children, with a sand pit when some benches are removed.

After completion the ensemble now shows the divergent time layers: ruins from the middle ages, the house restoration from the 30s and the dew additional elements. The recent architectural intervention underlines the poetic appeal of the old ensemble. The various elements play with the image of the castle. The design emphasis a coherent treatment of the poor remaining substance.

This recently finished project is a success for LOMA: site-specific design strategies are transferred into an open space which is very well accepted by the public.

오래된 기사들의 홀의 지하실을 가보면 성의 성격을 더욱 분명하게 알 수 있다. 전자의 감옥은 지하실의 신비로운 성격을 강조시키기 위해 초록색 빛을 주었다. 기존 구조물의 열악한 상태였기 때문에 벽은 재건되었고 돌로 채워진 거대한 금속 바구니인 보람들로 보충 되어졌다. 전체적인 구성은 적절하게 결정되었으나, 이 관에는 방어적이라는 성격이 하나 더 추가되었다.

고원 중턱에 위치한 방송국은 비록 다른 기능을 갖고 있지만 전체 속에 포함된다. 이 50m 높이의 조각적인 구조는 그 다양하게 표현된 형태로 인해 눈에 뜨인다. 부등변 사각형 모양으 닫힌 면 8개는 디자인의 중심적 요소들이다. 이 타워는 허리와 같이 중간이 가느다란 구조를 가졌고 이 품위있는 형태는 기술적인 구즈를 시적인 내용물로 통합하고 있다. 타워의 활동성은 강철구조 위에 덮여져 있는 투명한 금속구조물에 의해 생겨난다. 고원의 중심을 마주보고 있는 형태의 타워는 구조물에 의해 둘러싸여 있다. 노동자들이 들어가는 문은 숨겨져 있다. 타워의 밑에는 기술설비를 위한 공간이 있다. 이곳에서 인접지역까지 동력을 제공하기도 한다. 공연이 행해지는 공간은 다량의 오크나무와 벤치와 같은 외부시설물로 장식되어 있다.

이곳은 무대로서 사용될 수도 있지만 한편으로는 벤치를 몇 개 들어내어 없애버리고 나면 아이들을 위한 놀이터가 될 수도 있다.

완성된 후의 종합적인 효과는 다양한 시간층으로 나누어지고 있는 것으로 보인다 : 중세시대의 퇴색으로부터 시작하여 20년대의 건물복구작업 그리고 새로운 요소들의 추가. 최근의 건축적인 중재는 시적인 어필과 고상한 양상블이 함께 이루어지기 마련이다. 다양한 요소들은 성의 이미지에 맞춰 작용한다. 디자인은 열악한 상태로 남아있는 내용들과 분명하게 변화되었음을 증명해준다.

최근에 종결된 이 프로젝트는 LOMA를 위해 가히 성공적이었다고 할 수 있다 구체적인 장소의 디자인 전략은 대중들에게 매우 잘 받아들여지고 있는 개방된 공간으로 옮겨져 갔다.

일본 니가타의 이치고-마츠노야마의 자연사 박물관

Echigo-Matsunoyama Museum of Natural Science, Niigata. Japan

Architects:
Takaharu Tezuda + Yui Tezuda / Tezuka Architects
MIAS(Masahiro Ikeda Architecture Studio Co.Lid)

니가타의 마츠노야마 자연사박물관은 자연 폭설현상의 모든 것을 경험하게 하는 기회를 제공하는 곳이다. 박물관은 정형화된 잠수함처럼 생긴 불규칙한 뱀 같은 모양으로, ㎡당 1.5톤의 압력을 받는 두께 6mm의 단색 강철판의 몸체로 만들어져 있다.
이 지역의 기나긴 겨울동안 5.5m의 눈 깊이에 대한 체험과 10톤의 압력을 받는 4개의 창문을 통해, 눈 밑 지하에서의 생활과 박물관 공간속에서 직접적인 관찰을 직면할 수 있도록 해주고 있다.

Collaborators:
Miyoko Fujita, Ryuya Maio, Mayumi Miura, Taro Suwa, Takahiro Nakano, Tosho Nishi, Tomohiro Sato, Makoto Takei, Hiroshi Tomikawa, Masafumi Harada, Hirofumi Ono

Location:
Matsunoyama, Niigata, Japan

Owner:
Secretariat of Tokamachi Regionwide area Munical cooperation

Landscape:
Fudo Keisei Jimusho
Lighting:
Masahide Kakudate Lighting Architect&Associates

Acoustical: Nagata Acoustics, Inc.

Mechanical Engineering:
ES Associates

Total Produce: Art Front Gallery

Artists:
Toshidatsu Endo, Takuro Ousaka, Yukiko Kasahara+Haruna Miyamori, Tadashi Kawamata, Taiko Shono

General contractor: Takahashi-Gumi

Photographer: Katsuhisa Kida

Site plan / 배치도

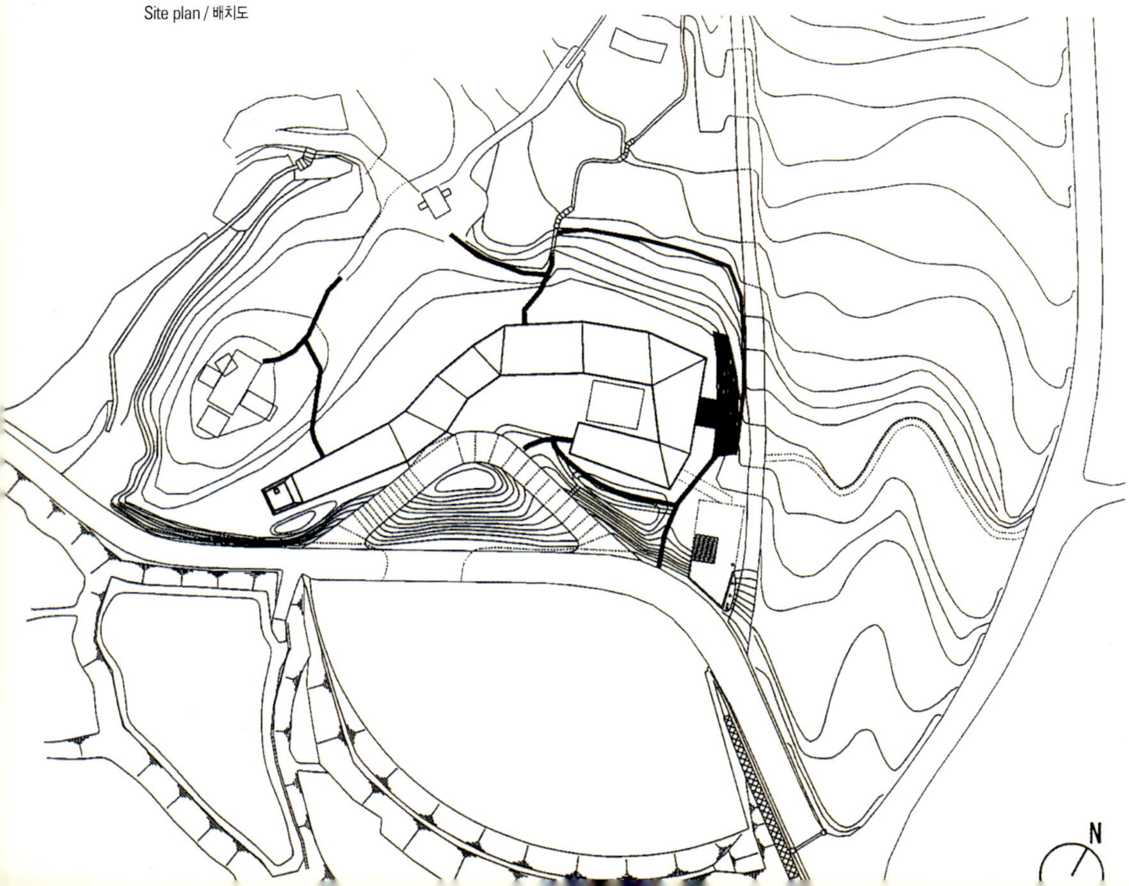

The Matsunoyama Natural Science Museum provides an opportunity to experience a whole range of natural phenomenon in the high snow precipitation Prefecture of Niigata. The museum adopts a uniform, meandering snake-like form with a mono chromatic body made of 6mm cor-ten steel panels to withstand 1.5 tons/square meter of pressure, just like a submarine. Taking advantage of the 5.5m snow depth during the region's long winter, the 4 windows (10tons) located at each of the turning points in the museum space allow a direct observation and encounter with life under the snow through a subterranean profile cut.

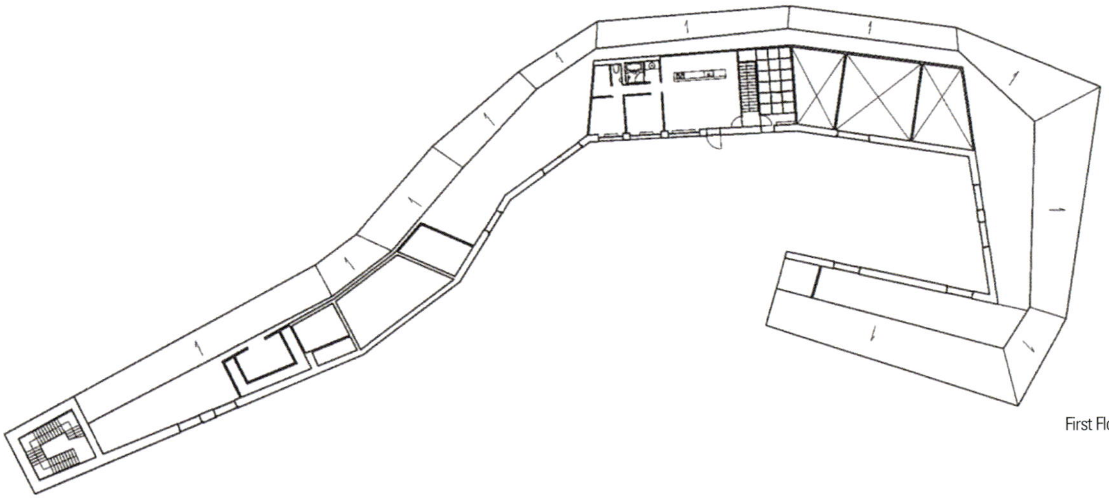

First Floor / 1층 평면도

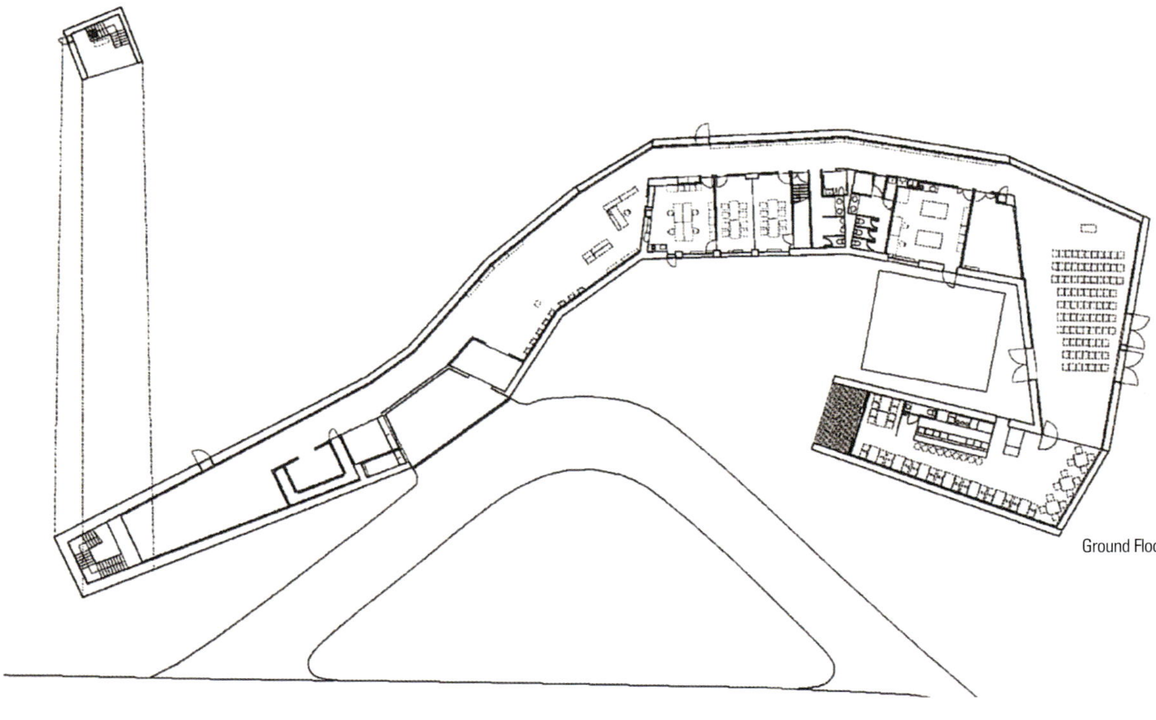

Ground Floor / 지면층 평면도

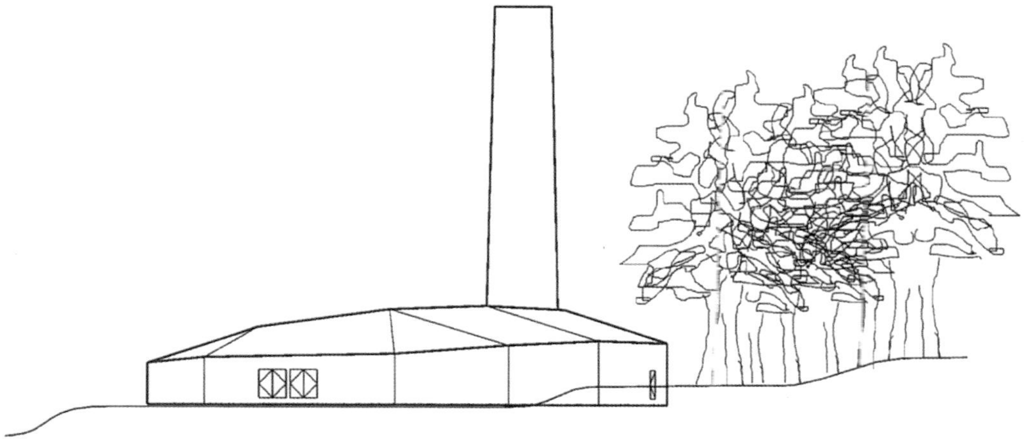

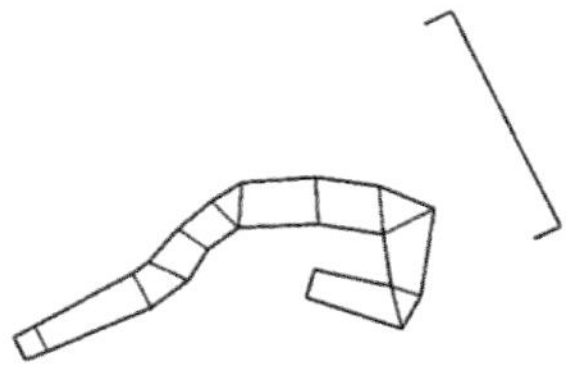

Elevations / 입면도

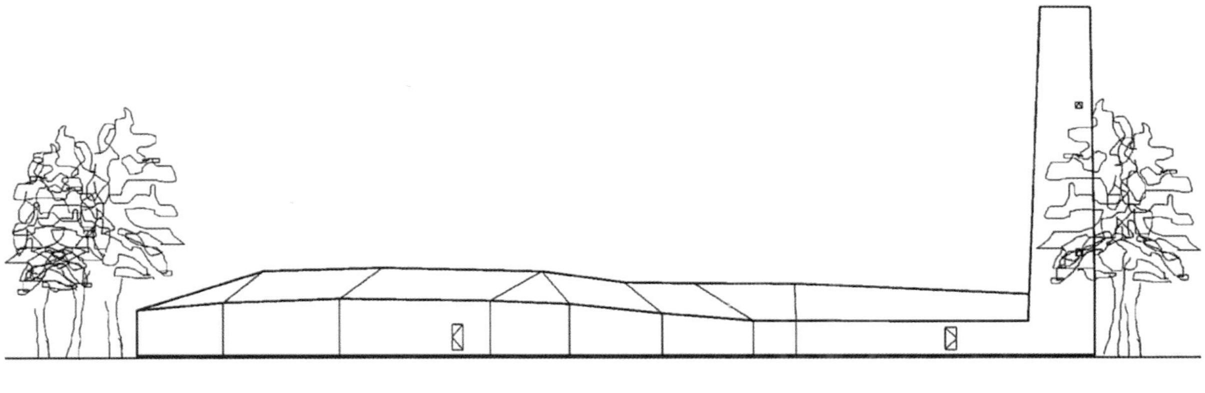

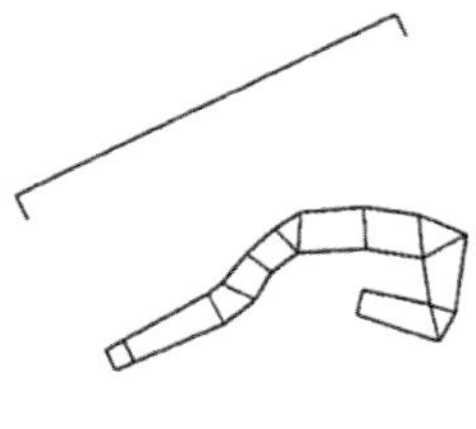

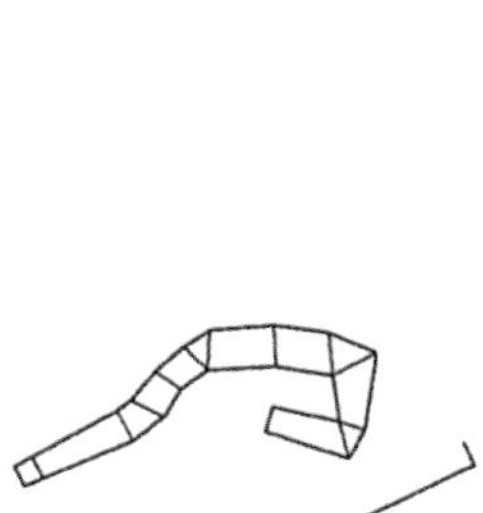

열 조절도(난방/냉방)
Diagram of thermal conditioning (heating / cooling)

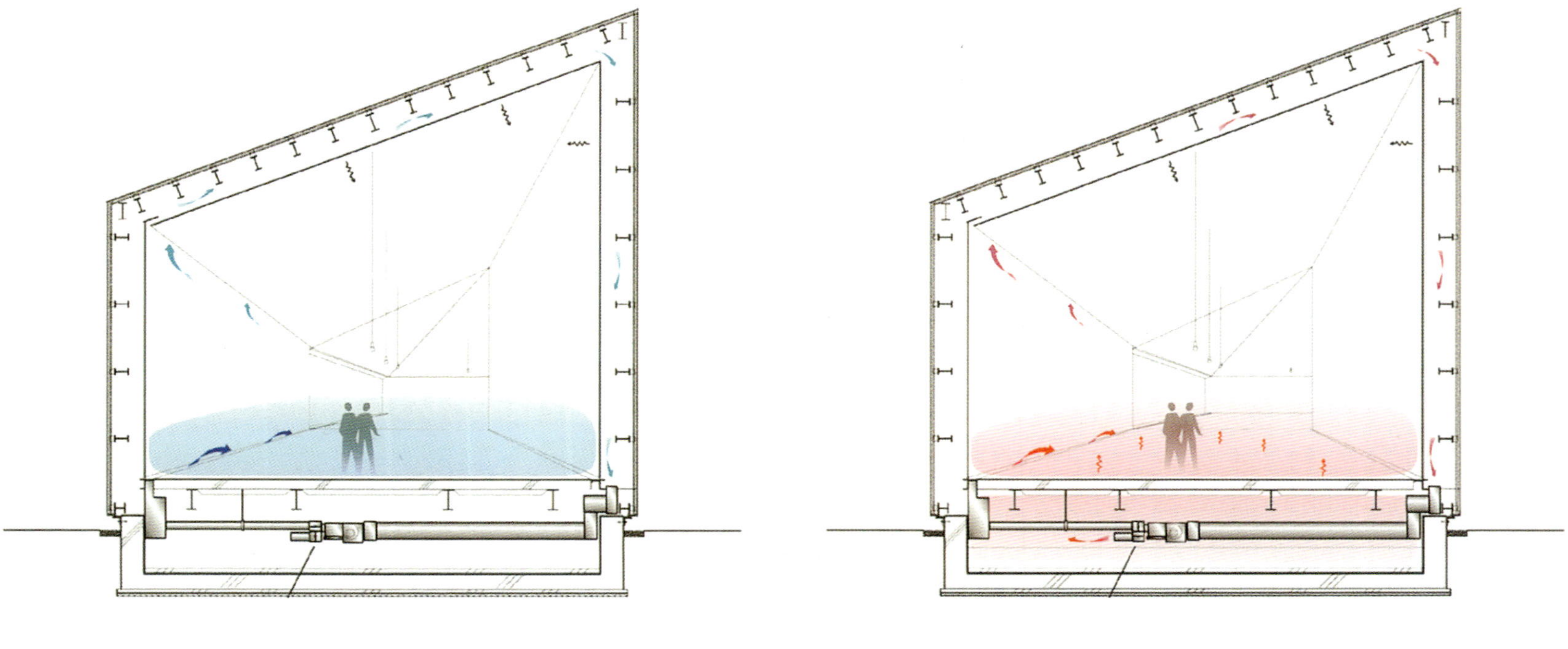

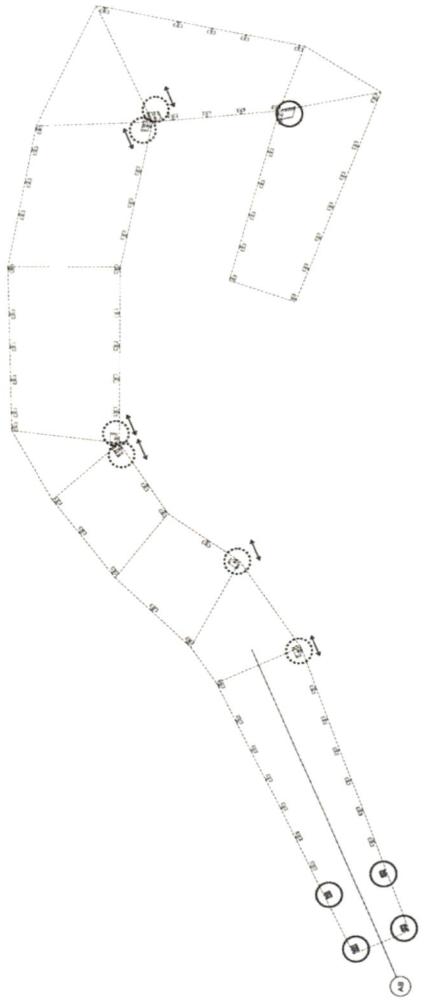

기초에 제한받지 않는 구조로 하며,
수평방향으로 미끄러지듯 연장시킴.
The structure does not cling the foundation but slips along the horizontal direction.

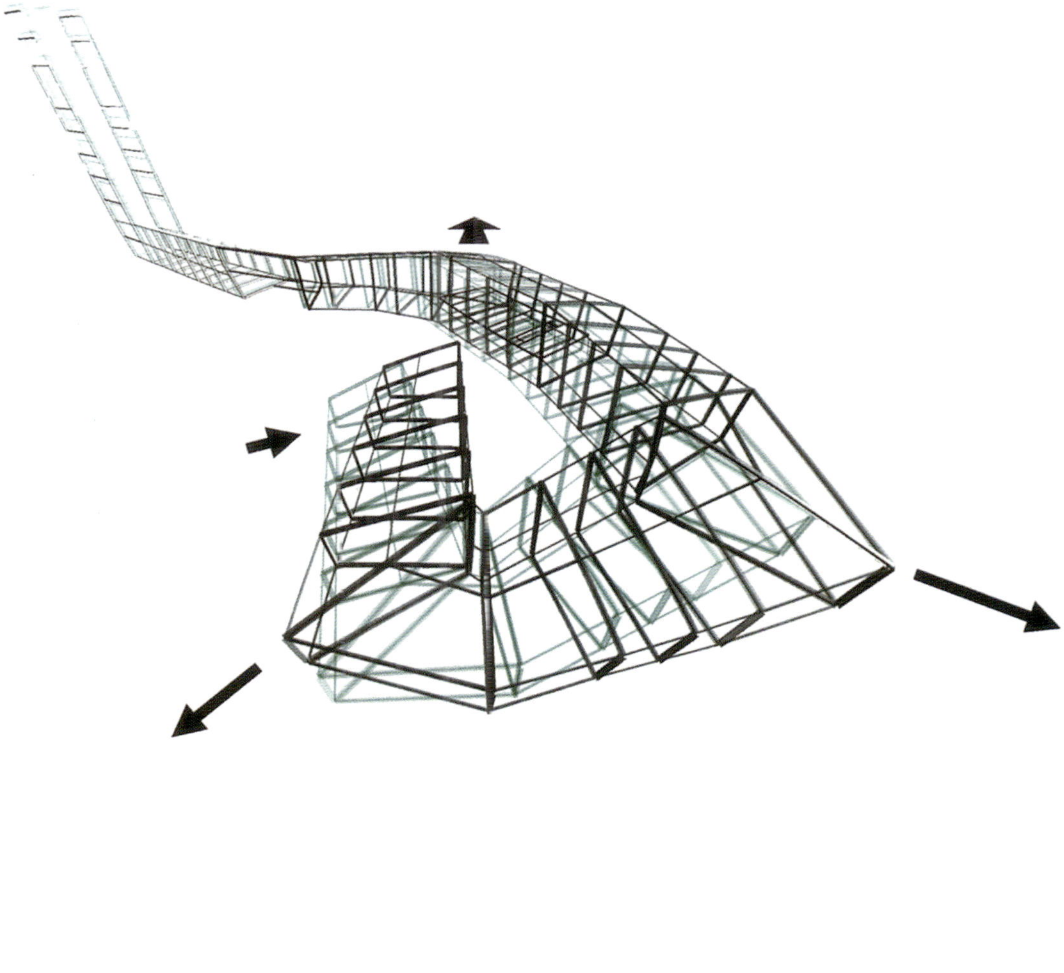

칠레의 세로 파라날의 남부유럽천문대 (ESO) 호텔
ESO Hotel on Cerro Paranal. Chile.

Architects:
Auer+Weber+Achitekten, Munchen

Location:
Cerro Paranal, Chile

Client:
ESO European Southern Observatory, Munchen

Project architect:
Philipp Auer
Dominik Schenkirz

Project team:
Robert Giessl
Michael Kruger
Charles Martin

Outdoor facilities:
Gesswein, Henkel + Partner, Ostfildern

Structural engineering:
Mayr + Ludescher, Munchen

Mechanical engineering:
HL-Technik AG, Munchen

Electrical engineering:
HL-Technik, Munchen

Kitchen engineering:
Schneidewendt, Ostfildern

Lightdesign:
Werner Lampl, Diessen/Ammersee

Photography:
Roland Halbe, Stuttgart

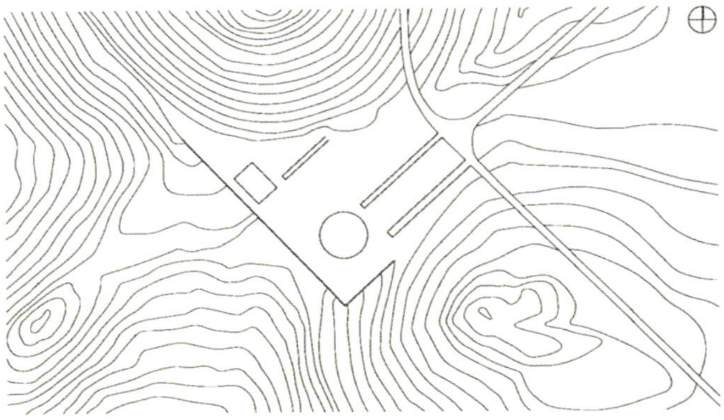

Site plan / 배치도

남부유럽천문대(ESO)는 대단히 큰 망원경(VLT)을 칠레의 아타카마 사막 북쪽부분의 산에서 작동시켰다.
VLT는 지구에 기반을 둔 망원경 중 세계적으로 가장 강력한 망원경이다. 산 정상의 아래쪽 2,400m 정도의 높이에 이 근무 시스템에서 일하는 남부유럽천문대의 과학자들과 기술자들이 머무는 호텔이 있다.

극단적인 기후조건 - 강력한 햇빛, 극도의 건조함, 강한 풍속, 급속한 기후 변동, 그리고 지진의 위험성 - 때문에 그들은 상대적으로 단기간 그곳에 머무른다. 이 호텔은 고전분투를 요구하는 그들의 작업시간 중에 잠시 쉴 수 있는 장소를 제공하기 위해 만들어졌다.
직원들이 쉴 수 있는 120개의 방과 매점, 라운지, 수영장, 피트니스 센터 그리고 도서관 시설 등은 마치 오아시스를 연상시킨다.

호텔건물은 인공적인 벽과 조화를 이루어 기존의 함몰된 지면과 편안하게 맞아 떨어진다. 태평양의 수평선이 보이는 숨 막히도록 멋진 절경을 방해하고 있지 않다. 이것은 세로 파라날의 꼭대기에 있는 망원경 관을 직접적이고 세밀하게 대비시키기 위하여 만들어 놓았음이 눈에 띈다.

이 호텔의 각 요소들의 구조는 수평선 위에서만 볼 수 있다. 지름 35m가 되는 철골로 만들어진 돔이 약간 솟아오른 것처럼 보인다.
이것은 중앙 라운지 부근까지 올라와 있으며 망원경의 거대한 오목거울의 외형부분까지 차지하고 있다.

The European Southern Observatory (ESO) operates the Very Large Telescope (VLT) on the Cerro Paranal, a mountain in the northern part of the Atacama desert in Chile. The VLT is the world's most powerful earth based telescope. Beneath the summit, at a height of some 2,400 meters, lies the hotel for the ESO scientists and engineers who work here on a roster system.

For the relatively short time of their stays under extreme climatic conditions intense sunlight, extreme dryness high wind speeds, great fluctuations in temperature and the danger of earthquakes a place has been created far away from civilization where they can relax and rest between the strenuous phase of their work. Reminiscent of an oasis, it provides 120 hotel rooms, a canteen, and lounge areas as well as a swimming pool, fitness center and library.

The hotel complex fits snugly into an existing depression in the ground, acting as an artificial support wall. It does nothing to impede the breathtaking view over the horizon out to the Pacific Ocean. This emphasis on reflecting nature sets the hotel in direct and deliberate contrast to the high-tech telescope complex atop Cerro Paranal's summit.

A single element of the hotel's structure is visible above the horizon: a slightly raised dome comprising a steel skeleton that measures 35 meters in diameter. It rises up above the central lounge area and creates a formal counterpart to the telescope's enormous concave mirrors.

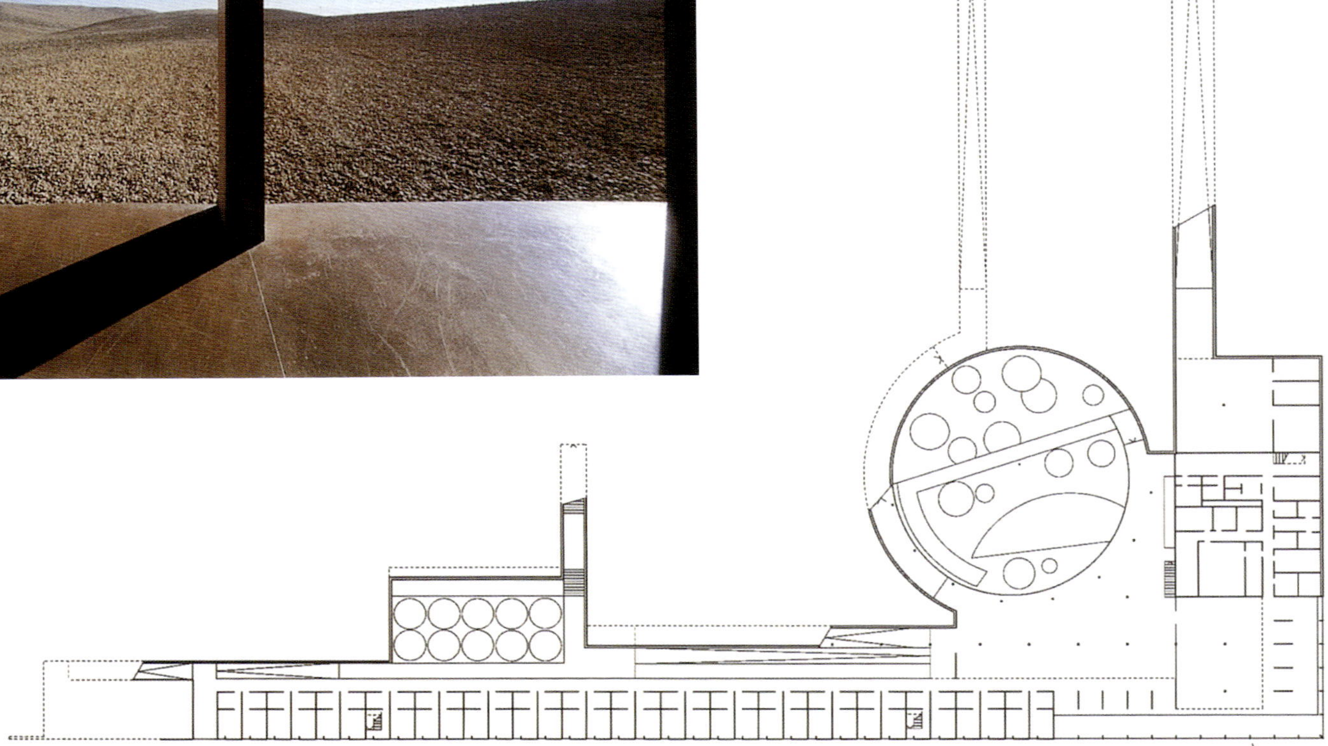

Level - 2 / 레벨 - 2

Level - 4 / 레벨 - 4

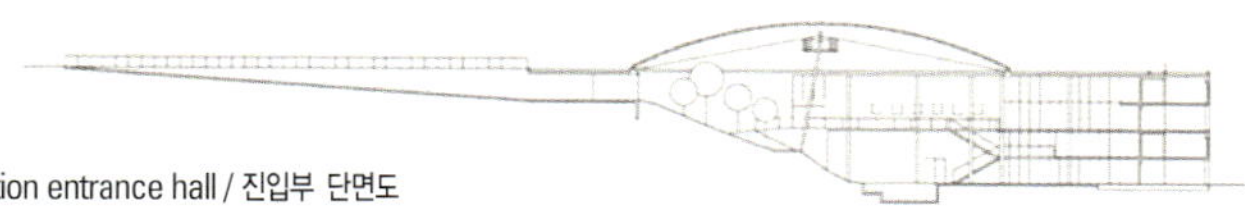

Section entrance hall / 진입부 단면도

Section courtyard / 중정 단면도

Section access ramps / 계단 단면도

카스카이스에 있는 이 집은 Azeitao가 만들어지던 해에 같이 만들어졌다. 이 집을 디자인 하는데 있어서 문제가 된 것은 우리가 제 2의 자기분신을 발견하기 위해 고객과 장소 사이의 정체성을 이해하는 데 있었다. 우리의 회상능력은 시간에 대한 태도와 장소에 대한 개인적인 취향에 따라 다르다. 당시에는 Tavira에 집을 짓고 있을 때 그곳에 25년간 살았다는 기분이 들면서 나는 문과 창문에 흥미를 갖게 되었다.
남쪽에 위치한 2개의 집은 2개의 다른 언어를 사용하고 있다 : Serra de Arrabida의 Azeitao에 있는 집은 창문과 문을 경계로 산을 마주하는 주의를 끄는 지형지세를 갖고 있다. LA Guia의 카스카이스에는 거대한 수평선의 바다, 대서양이 있다. 항상 다르고, 항상 같으나 언제나 잡히지 않는, 그래서 우리는 중립적인 경관을 만들어내려고 한다. 긍정과 부정의 개방과 디자인을 확장하면서 말이다.
재료와 색감들은 모두 다르면서도 같다 : 회색. 회색은 겉에서부터 속까지, 지하에서는 하얀색을 끝으로 점차적으로 그 색의 다양성을 나타낸다. Azulino de Cascais 돌의 회색, 알루미늄의 광택은 태양이 와서 그것의 회색의 상태에서 들어 올려주길 기다리고 있다.
색이 도입되었을 때, 혹은 무색일 때 Remy Zagu의 작품에서의 하얀색을 우리의 친구들을 남겨둔 채 떠났고 그리고 사진사와 다른 친구들이 새로운 '관점'을 정립시키기 위해 도착했다.

This house in Cascais was designed at the same time as another in Azeitao. In designing a house, the problem is to understand the identity of both the client and the place so that we can invent an 'alter ego'. Our capacity for repetition depends on our attitude at the time and on the personality of the 'place'. At the time, while building the house in Tavira, I became interested in doors and windows, which I had felt inhibited about for 25 years.
Two houses in the south, two different languages to try out: The house in Azeitao, in the Serra de Arrabida, presents a very marked topography, with doors and windows facing the cut-out mountains, with episodes that needed to be fixed, to be registered. In Cascais, La Guia, there was an immense horizontal sea, the Atlantic, that could not be registered: an ocean always different, always the same cannot be 'caught'. So there we opened up a neutral view, expanding the openings and designing with positives and negatives. The materials and colours are 'all different, all the same: grey'. The greys gradually vary from outside to inside, ending with white in the cellar. The greys of the Azulino de Cascais stone, the matt sheen of the aluminium, of the sand-blasted stainless steel, are waiting for the setting sun to lift them from their 'grey' state.
When the colour enters, or the no-colour, white as a picture by Remy Zaug, we go, leaving our friends, and the photographer, another friend, arrives to fix a new 'view', one from outside.

포르투갈의 카스카이스에 있는 집
House in Cascais. Portugal

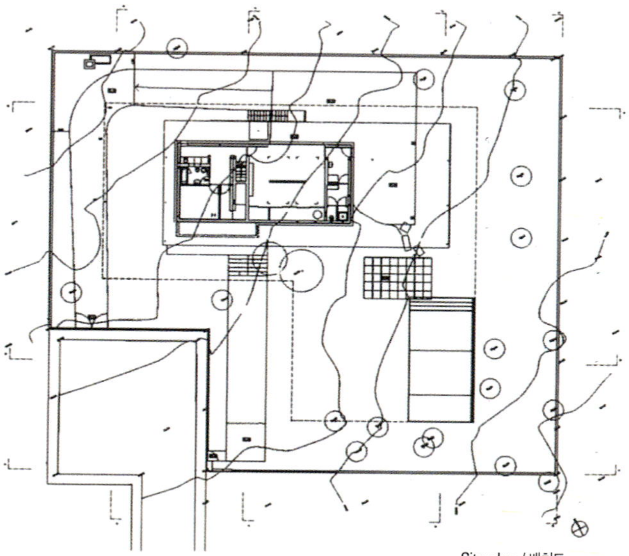

Site plan / 배치도

Architect:
Eduardo Souto de Moura

Client:
Luis Carlos Valadas Fernandes

Assistants:
Nuno Graca Moura, Camilo Rebelo, Jose Carlos Mariano

Structural engineering:
AFA Adao da fonseca & ssociados

Electrical engineering:
Rodrigues Gomes & Associados

Mechanical engineering:
Rodrigues Gomes & Associados

Contractor:
Promafer

Photographer
Duccio Malagamba

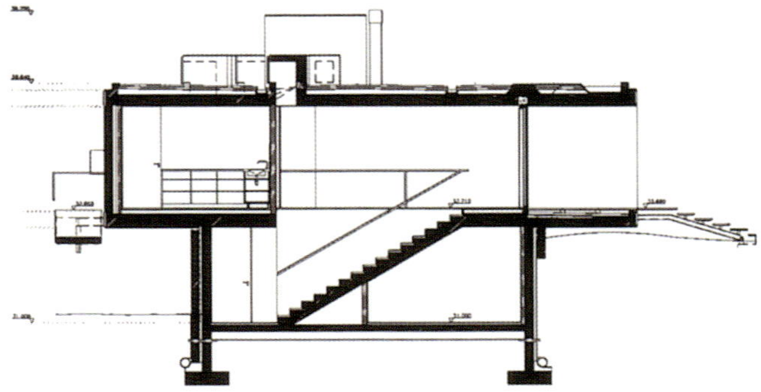

Section / 단면도

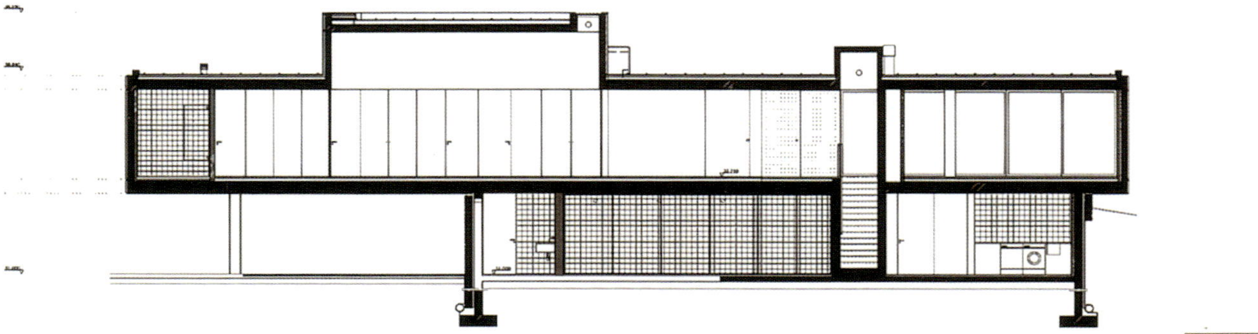

Section / 단면도

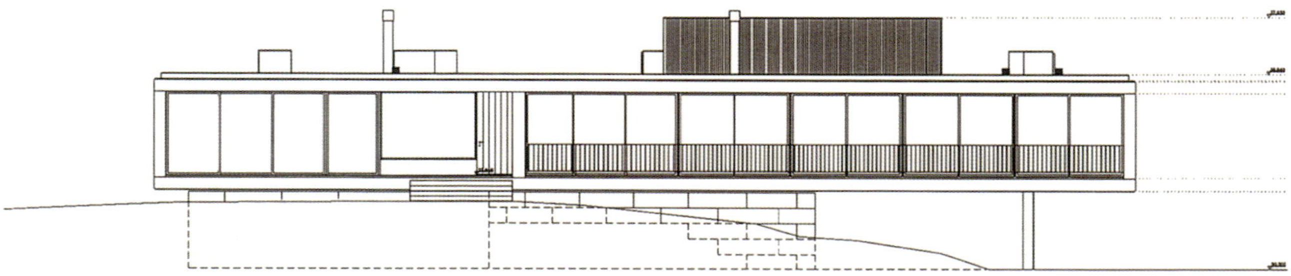

South elevation / 남측 입면도

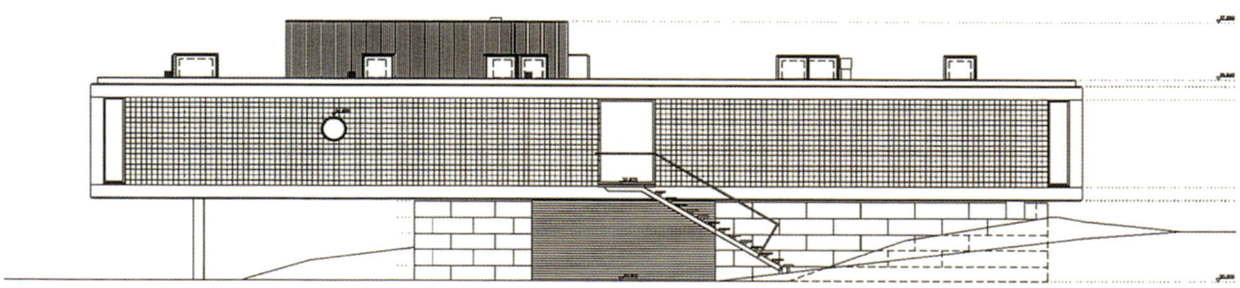

North elevation / 북측 입면도

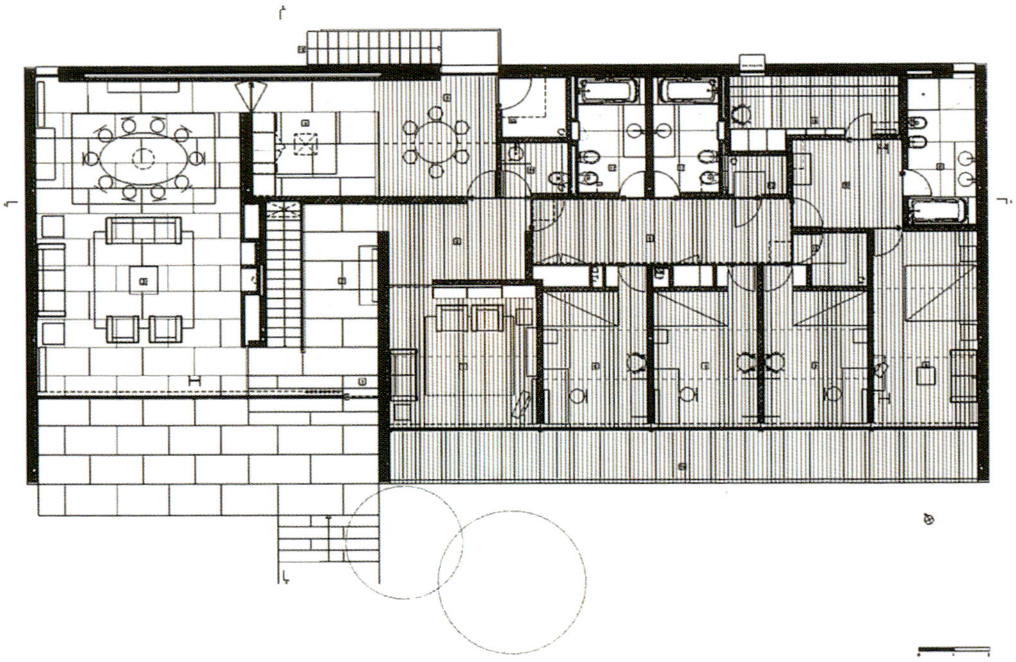

First Floor / 1층 평면도

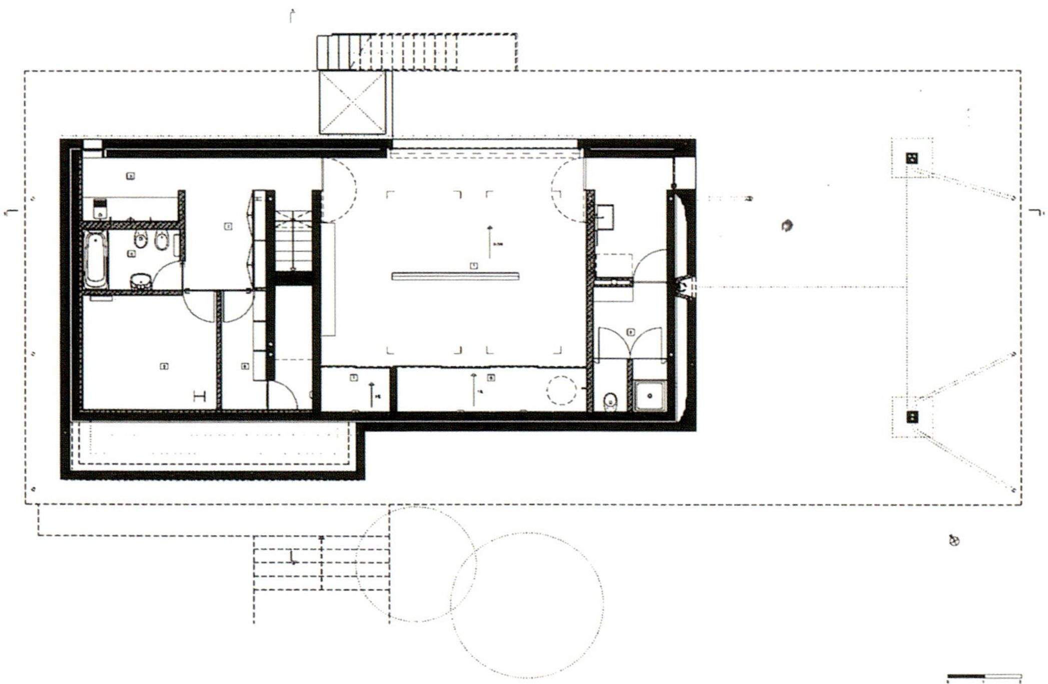

Ground Floor / 지면층 평면도

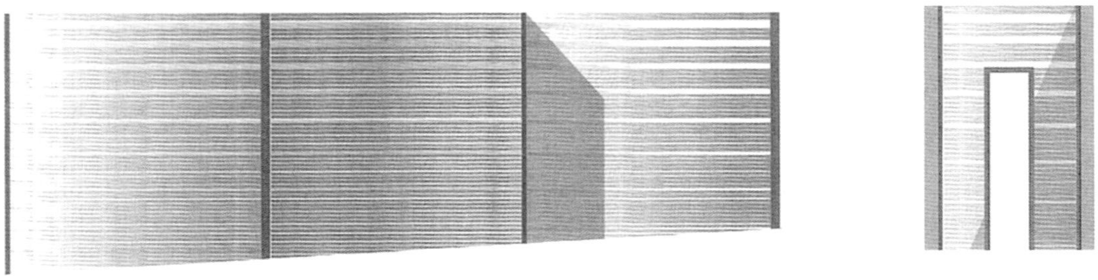

Longitudinal and cross view / 세로방향과 교차조망
Basement and roof floor / 지하실과 지붕바닥

The project called "ORT DER BEGEGNUNG" tries to focus on the strained relation at the German-Czech border by means of architecture. The building as meeting point aims to break the silence between west and east. With the project we would like to create a connection between the frontier line, the place and the people.
The building is supposed to be the organ that enables everybody to communicate with each other.
The "ORT DER BEGEGNUNG" refers both to nature and its location at the frontier line. The man-made building enters into a sensorial symbiosis with the topos and in a stable context to history. Place and building complement one another. This building wouldn't fit in another place.
Ideologies have disappeared in society as well as in architecture on both sides of the border. The hostile concept of the enemy has vanished, leaving an empty space. Anything new can only be created with utmost care. Food for thought is needed in order to bring forward fresh, individual ideas; this cannot be achieved with memorials.
Gently a low mountain range rises towards the frontier. It is called Oberpfalzer Wald (Upper Palatine Forest) by the Bavarians, cesky' les (Bohemian Forest) by the Czechs.
This range of hills forms the horizon from both sides, a natural topographical frontier, Suddenly a wall blocks the open view to the east. A piece of the Iron Curtain, but the wall doesn't seem to be impenetrable. You keep walking and then you realize that the wall opens, a third dimension is added. Two walls, which once were one, are divided along the frontier line forming a room like a handshake, a welcoming gesture.
Neutral, extraterritorial, no man's land.
By the metamorphosis of a building of separation "EIN ORT DER BEGEGNUNG" emerges.
Two walls, one made of stone, the other of wood. Materials which for centuries have had an influence on the life of the region. Larch wood from the Bohemian Forest, Flossenburg granite from the Upper Palatinate.
Each element is three meters long, fifteen centimeters wide, five centimetres wide, five centimetres high. The outer side is roughly hewn, the inner side smoothly grinded. Greenish shimmering glass panels more and more dissolve the walls upwards. The room created is oriented to the north; left and right come to symbolize east and

만남의 장소 Meeting Place

Architects:
Bruckner & Bruchner, Tirschenreuth

Client and implementation:
People living nearby the frontier line

Place:
Beside the German and the Czech frontier line, near Barnau

Photographs:
Christian Bruckner, Wolf Kipper, Andre Muhling

"Ort Der Begegnung"이라고 불리는 프로젝트는 건축학적 방법의 독일과 체코 경계사이의 긴장된 관계에 그 초점을 맞추고자 시도된 것이다. 이 건축물은 서부와 동부의 침묵을 깨는 만남의 장소로서의 의미를 갖는다. 이 프로젝트와 함께 우리는 라인, 장소 그리고 사람들 사이의 연결고리를 만들어 보기를 원했다.
이 건물은 원래 모든 사람들이 타인과 의견을 교환할 수 있도록 지원하는 것을 전제로 만들어졌다. "Ort Der Begegnung"는 자연 그리고 지역의 국경선상의 위치선정을 지시한다.

이 사람이 인공적으로 만든 건축물은 진부한 생각들과의 감각적인 공생관계를 시작하고 안정적인 역사의 배경상황이 된다. 장소와 건축물은 서로를 보완해주고 있다. 이 건축물은 다른 어떤 장소에도 어울리지 않을 것이다. 사회상의 이념간의 갈등이 사라졌듯이 건축에서도 양쪽의 경계가 사라졌다. 빈 공간을 남겨두고 적대적인 개념을 가진 적군도 없어졌다. 뭐든 새로운 것이 최대한의 배려와 함께 생겨날 수 있을 것이다. 개인의 새롭고 참신한 아이디어- 회상의 것들과는 거리가 멀다 - 를 가져오기 위해서는 생각을 위한 양식이 필요하다. 다행스럽게도 국경선 주변을 낮은 산들이 둘러싸고 있는데, 이곳은 바바리안들에 의해서는 Upper Palatine Forest(팔라틴 백작의 숲)이라 불리우며, 체코사람들에게는 보헤미안 숲으로 불리고 있다.

언덕의 분포는 양쪽의 수평선으로 자연적인 지형경계선을 형성하다가, 갑자기 벽이 동쪽으로 열린 시야를 탁 막아버린다. 강철 커튼조각의 일부이지만 벽은 통과가 불가능해 보인다. 하지간 이 상태에서 계속 걸으면 벽이 열려있음을 깨닫게 되어 삼차원 공간이 추가되게 된다. 원래는 하나였으나 2개가 되어버린 벽은 환영하는 몸짓인 악수와 같은 공간을 만들어내며 이는 국경선을 따라 나누어졌다. 중립적, 치외법권적, 소유자가 없는 땅이다.
두 개의 벽 중에 하나는 돌로 만들어져 있고 다른 하나는 나무로 만들어져 있다. 수세기 동안 그 지역의 삶에 영향을 미치던 재료들이다. 보헤미안 숲에서 나온 낙엽송, 팔라틴 백작의 숲에서 나온 플로센베르그 화강암.
각각의 요소는 길이 3m, 너비 15cm, 너비 5cm, 높이 5cm로 구성되어 있다.

초록색으로 빛나는 유리 판넬들은 위쪽을 향한 벽을 점점 분해시킨다. 만들어진 방은 북쪽을 향하고 있다. 왼쪽과 오

Site plan / 배치도

른쪽은 각각 동쪽과 서쪽, 즉 독일과 체코공화국을 상징한다. 양쪽으로의 흔들거리는 확장은 경계선보다 더 멀리 떨어진 진로를 제안한다. 그것들은 각각 왼쪽과 오른쪽에 2개의 개방된 공간을 만들어낸다. 벽은 금속재로 바닥에 그 뿌리를 내리고 있다. 나사의 조인트 부분이 강철커튼의 비인간적인 모습을 보여주듯 바깥부분에 노출되어 있다.

건축물의 거칠고 모진 바깥부분이 내부의 단순하고 깔끔하며 매끄러운 것과는 상당한 대조를 보인다. 중앙에서 우리는 2개의 의자가 있는 어지럽게 널려있는 테이블 하나를 볼 수 있을 것이다. 재료인 나무와 돌은 천장의 층에서 바로 만난다. 그것들은 중심의 접합부를 만들고 그림자를 만들 수 있게 한다. 반세기 전이나 과거 분단의 그림자가 국경선 지면으로 드리워진다.
그리고 사람들은 그 그림자 밖에서 아직 나가지 않고 있다.

west, Germany and the Czech republic. The staggered extensions of both sidewalls suggest the further course of the frontier line. They form two open spaces oriented to the east or the west together with the two fronts. The walls are anchored in the ground by metal supports. The screw joints remain visible on the outer sides, taking up the inhuman character of the Iron Curtain.

The rough and angular outer skin of the building is opposed to a simple and smooth interior space. In the centre we can find a massive table with two chairs. The materials wood and stone meet directly in the layers of the ceiling. They form a central joint, throw a shadow. The shadow that the past and half a century of separation have thrown onto the frontier land; and the people have not yet stepped out of it.

창고의 변화. 카나리아의 라스팔마스
Barn Conversion. Las Palmas de Gran Canaria

Architect:
Hector Garcia Sanchez

Location:
Barranco Guiniguada, Gran Canaria

Assistants:
Francisco Garcia Sanchez /architect
Hugo Ventura Rodriguez/architect
Oscar Rebollo Curbelo/architect
Javier Alonso Castellano/Technical architect
Fabian Deniz Quintana/industrial engineer

Sculpture:
Fernando Porras/architect

Client:
Excmo. Cabildo de Gran Canaria

Management:
Gesplan S.A.

Contractor:
J.P. Benitez construcciones S.L.

Photographs:
Hector Garcia

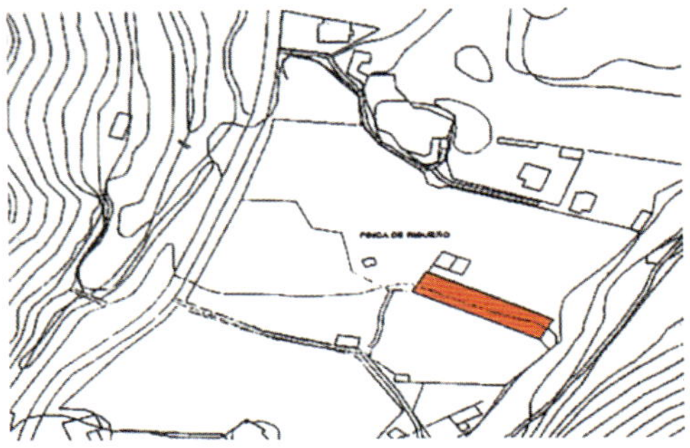
Site plan / 배치도

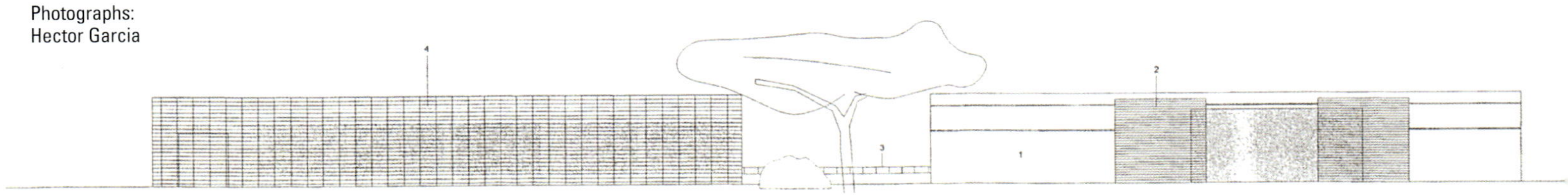

South Elevation / 남쪽 입면도

Barranco Guiniguada의 임무는 시험 케이스적인 프로젝트의 하나로 Palmas 도시의 주변을 재생시키기 위한 연속적인 사업계획들을 세우는 것이다.

건축물이 서있는 곳은 Canairo 정원 또는 Canary섬에서 가까운 알로에 재배로 유명한 곳으로 프로젝트 시작의 기준이 되는 천혜의 주변 자연환경이 제공되는 곳이다. 산업적인 형태의 창고는 그 부지주변의 환경을 고려하고 있지 않다: 길이 60m에 15m 폭의 평행사변형으로 그것이 지배하는 입지조건과는 아무런 연관도 없었다.

우리가 현 상황을 악화시키지 않으면서 이 도전에 대응하려면 어떻게 해야 하나?
우리는 어떻게 해야 건축물과 그것의 주변환경 사이에서 대화를 추진할 수 있을까?
경관 그 자체를 표현할 수 있도록 하려면 어떻게 해야 하나?

시작 처음부터 이러한 종류의 질문들이 캔버스에 그림을 그리는 것처럼 떠오르기 시작했다.

순간, 갈 길은 분명해졌다: 그 건축물에서 결점으로 도출되었던 것들이 가장 먼저 해결되어야 할 것들이라는 점이다. 우리는 건축물을 바로 통과하는 구멍을 만들어야만 했다. 이것은 이 장소에 연속성을 주고 외부공간을 끌어들임으로써 내부를 외부로 확장시키는 작업의 하나이다.

이러한 관점에서 건축물은 공간의 인식과 부피를 바꾸고 가장 작은 투자예산으로도 모든 일을 시작할 수 있게 만든 2개의 단순하고도 기본적인 작업을 통해 본질적인 중요성을 찾기 시작했고 주변 환경과의 관계가 만들어지기 시작되었다.

첫 번째 작업은 두 개로 나눠진 부지의 부분들과 연결된 입구를 만들면서 당초의 모듈을 2개로 나누는 것이었다. 그리고 모든 외부공간을 새로운 건축물로 통합시켰고 방문객을 맞이하는 새로운 공간도 만들었다. 이것은 진입부와 유리스크린의 조각, 조망을 위해서 변화를 투영해주는 수막 등으로 이루어져 있다.

The Barranco Guiniguada commission was part of Guinigua Urban Pilot Project, a series of operations to regenerate the outskirts of the city of Las Palmas.
The site on which the building stands, earmarded for an aloe plantation next to the Jardin Canario or Canary Islands Garden offered superb natural surroundings that defined the criteria the project from the start.
The industrial-style barn on the site defied its surroundings: based on 60m long by 15m wide parallelogram, its form norelation to the landscape it dominated.
How were we to respond to this challenge without making the situation worse?
How could we set up a dialogue between the building and the values of its surroundings?
How would we achieve a mute end result where the landscape could make its presence felt?
From the start, questions of this type assailed the ideas that emerged as the sketches came up against the reality of the place.
Suddenly, a path became clear: the very defects of the building spoke of what needed to be done.
We should make a hole right through the building. This would give the site continuity, set the form of the building free by introducing exterior space and extend the interior into the exterior.
At this point, the building started to have a true significance relationship with its surroundings, through two simple, basic operations that completely changed the perception of the place and the volume and also made it possible to work to a very small initial budget.
The first operation was to divide the initial module into two, creating an entrance square that relates the two divided parts of the site, integrates all the exterior space into the new building and offers a new space that welcomes visitors. This containing the entrance area, past a sculpture of glass screens, placed over sheets of water, that captures reflections of an ever-changing section of the landscape.

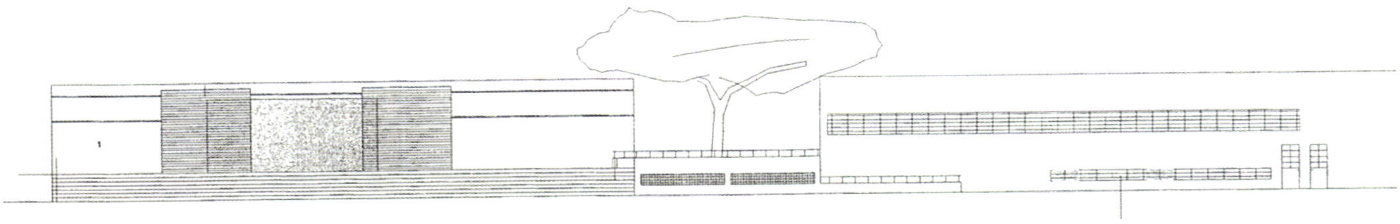

North Elevation / 북쪽 입면도

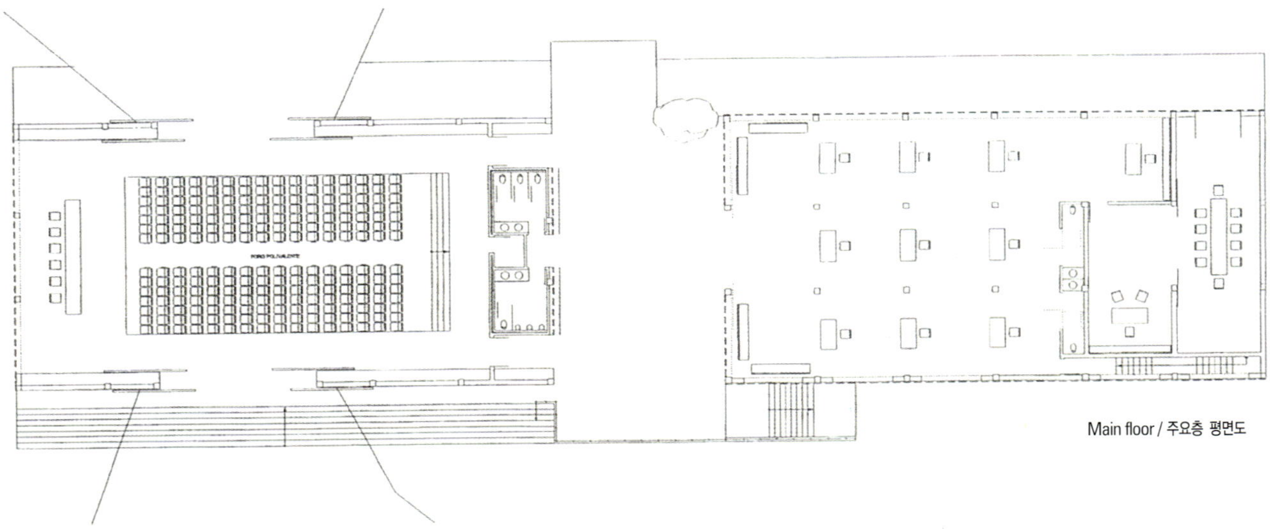

Main floor / 주요층 평면도

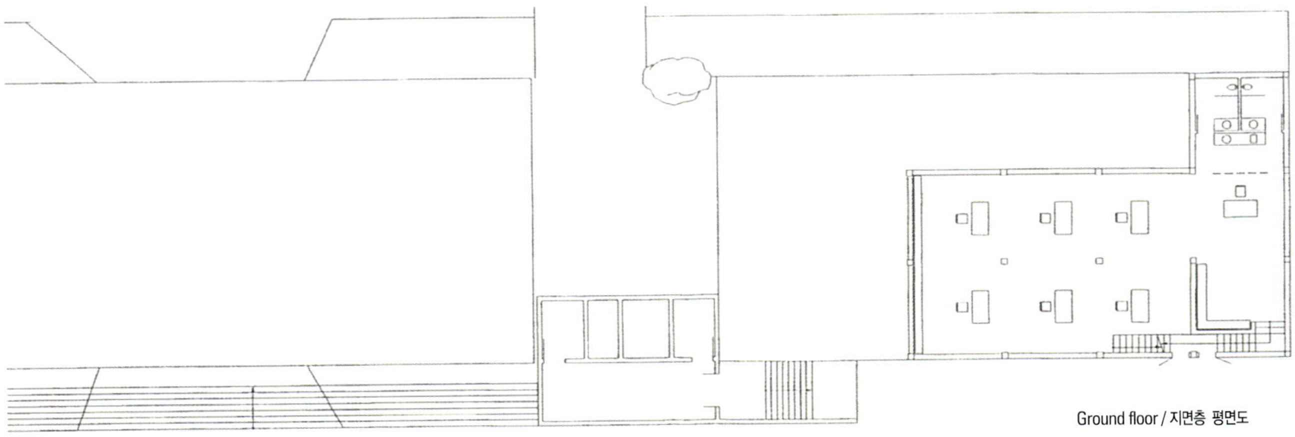

Ground floor / 지면층 평면도

두 번째 작동은 내부와 외부의 소통을 원활하게 하기 위해 건물의 정면을 개방하는 것이었다.

주변과 물리적으로 개방되는 시야에서 찾을 수 있는 관리상의 그리고 경영기술상의 모듈관계는, 건물의 정면을 물이 반사된 그림자와 시각적인 여과기가 내부의 새로운 분위기를 조성하고 그것만의 공간적인 정체성으로 바꿔버린다.

다목적 문화포럼인 두 번째 모듈에서 내부는 비어두었다. 기존 구조의 기둥들은 커다란 개방공간을 만들기 위해서 제거되었다. 내부를 외부로 연결시키는 작업을 할 때 외부공간을 내부공간으로 끌어들인다는 측면과 정면의 커다란 광장을 이용하기 위해서 말이다. 이것은 건축물과 장소 사이의 상호작용이라는 효과를 얻고, 건물의 외관이 제한이라는 개념의 의미를 잃고 또 건물의 외관이 유동적인 요소, 공간으로 읽힐 수 있도록 말이다. 정면이 커다랗게 개방된 공간은 경관을 한정시키는 단순한 배경막으로 변해갔다.

그럼 외부에는?
골짜기에는 향토수종을 식재지역에 심음으로써 생육을 강화시켰고, 재배지의 관수시설을 위한 수로와 연속적인 물의 흐름이 곁들여졌다.

간단히 정리하면 이 공간은 예전의 전통을 재사용하면서 즐거움과 편안함을 주는 공간활용에 대한 대안을 제공하였다는 것이다.

The second operation was to open up the facades to encourage communication between interior and exterior. This operation was conditioned by the brief.
In the administrative and technical management module the relationship is found in the views of the surroundings and in physical openness, filtered through the screens that turn the facade into a skin with its own spatial identity, where reflections of the water, shadows and visual filters create the atmosphere of the new interior.
In the second module, the Multi-Purpose Cultural Forum, the interior has been emptied. The pillars of the existing structure have been removed to create a large open space with a series of large lateral and frontal openings that bring the exterior space into the interior while projecting the interior out to the exterior. This achieves interaction between building and place, a single space where the facade loses the notion of limit and is read as a flexible element/ space. The great frontal opening onto the gully frames a section of the landscape, turning it into a backdrop.
And the exterior? The space of the gully itself is enhanced by planting local species in the garden areas, accompanied by a series of sheets of water and the irrigation channels of the plantation, where a path of weather-rusted steel plates turns the steps of the visitor into sound and the platforms of wooden sleepers are spaces that expand the interior.
In short, the place has been offered an alternative that recycles its heritage and introduces subtle spatial tensions for contemplation and enjoyment.

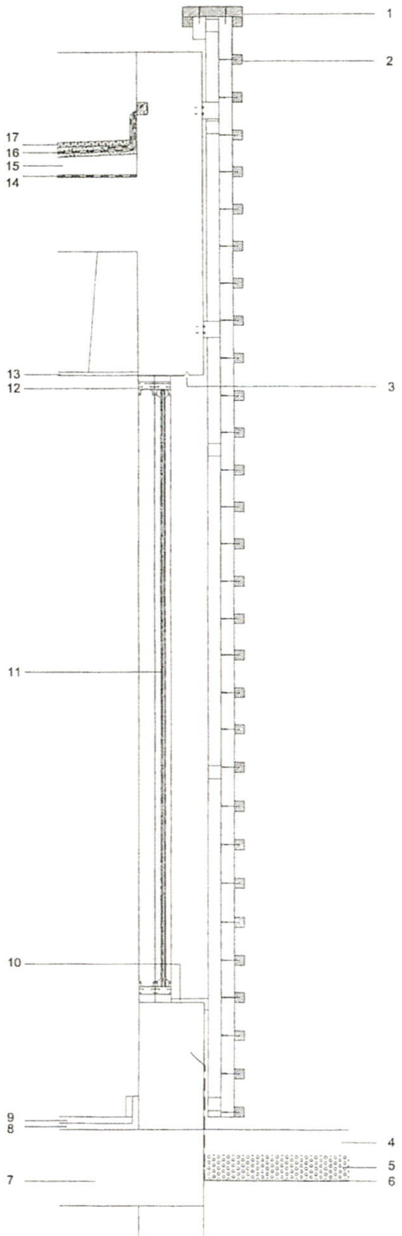

Working details :	작업공정 :
1. Wooden coping	1. 목재 테두리
2. Wooden screen	2. 목재 스크린
3. Drip	3. 물끊기
4. Sheet of water	4. 수층
5. Gravel	5. 자갈
6. Waterproofing	6. 방수 공사
7. Structural floor	7. 바닥구조
8. Key mortar	8. 키 모르타르
9. Artificial granite paving. Alicante red	9. 인공화강암 포장. 적색 알리칸테
10. Sill	10. 문턱
11. STADIP 3+3 double-glazing	11. STADIP 3+3 이중 유리
12. Aluminium frame	12. 알루미늄 골조
13. Smooth plaster	13. 매끄러운 플라스터
14. DPM	14. DPM
15. Sloping layer	15. 경사 레이어
16. Waterproofing	16. 방수공사
17. Gravel	17. 자갈

보행로는 Walpole-Namalup 국립공원의 서남쪽 Tingle 숲에 위치한 D+W의 매우 성공적인 'Tree Top Walk'(나무 위 산책로, 나무들 사이를 연결하는 다리 같은 종류)와 비슷하다. Tree Top Walk와 같은 산책로(보행로) 프로젝트는 WA의 조각가인 David Jones와 다른 예술가들이 함께 계획한 합동작품이다.
이것은 그 사물의 순수한 기능을 끄집어내어 미학적인 형태로 완성시킨 작품이다. 그러나 더욱 흥미로운 것은 그것을 미적인 체험목적으로 사용한다는 것이다. 관광객들의 관점에서 본다면 보행로와 다리는 관광객들이 이곳이 편리하다고 느끼게 하는 시설을 제공하는 차원이 될 것이다.
하나의 구조물로서 D+W는 이러한 기회를 조각품이 가질 수 있는 한계를 없애기 위한 절호의 기회로 받아들였다. 재료가 상징하는 언어와 그 구조물의 설치위치는 미국의 조각가 Richard Serra에 의한 거대한 코튼강철 설치작업으로 나타났다. 그러나 그것의 목적이나 필요성 역시 미국의 거장 화가 Franz Kline이나 Robert Motherwell(두 사람 모두 예전의 D+W 건축에서 뛰어난 솜씨를 자랑했었던 사람이다)이 인상파의 주요 영향권 내에 들어올 수 있게 만든 기회이기도 했다. 이 강철 틀 작업의 힘과 에너지는 남성적 표현주의인 중금속 언어와 더불어 그 위에 붙은 얇은 금속조각인 서정적인 유리의 불빛에 의해 아름답게 균형 잡혀 있다. Geoff Warn(주 디자이너)은 이들 두 미학 사이에서, 구조측면에서의 시각언어에 압도당하지 않으면서 올바른 균형을 잡는데 성공했다. 그렇게 힘있고 묘사적인 영향을 이용함으로써 세상을 가볍게 보려는 형태의 가식보다는, "너 자신을 보아라" 그리고 "지금 네 눈앞에 있는 것을 즐겨라"고 전하는 있는 것이 분명하다.

다른, 더 많은 요구사항이 이해되어야 하는 구조의 개념은, 그것을 사용하는 실제적인 경험이 더 중요하다. 미술의 역사를 볼 때, 자연에 대해 이야기 하고 알려고 했던 역사는 참으로 길다. 가장 최근에 영국의 토지예술가 Richard Long과 Hamish Fulton 그리고 그들의 제자 Andy Goldsworthy는 대중의 마음을 끌어들였다.

'단순히 걷는다는 것'만으로 대중의 상상력을 유도하여 밖으로 끌어낼 수 있는 가능성은 희박하다. 이것이 정확하게 Long과 Fulton이 주장한 점이다. 우리가 걷고, 조사하고, 바라보고, 자신이 본 것에 대해 생각하면서, 우리 자신에 대해 깨닫게 되는 것이다.

장대하고 훌륭한 감정은 보통 킹스 공원을 찾는 관광객들에게 갖도록 하는 요청되는 것이 아니라, D+W의 보행로와 다리의 실제 수사적 기교에서 생겨나는 것이다. 자연의 세계에서의 육체적 협상을 바로 하는 짧은 순간을 형식화하게 된다. 디자이너들은 우리들이 그 길에 의도되어 담겨진 계획들 중 적어도 한 두 가지쯤은 알아차리길 희망한다.
우리는 자연이 킹스 공원에서 본 산책로처럼 굉장히 정돈되어 있는 것으로 생각한다. 산책로 근처에 심어놓은 식물은 잘 알려진 향토종인 경우가 많다. 이것은 유럽의 침략에 의해 들어오게 된 외래종이 이미 향토종으로 자리 잡았기 때문이다.
산책로의 절정은 맨 정상에 있는 산골짜기의 급격한 경사지에 있는 유리다리를 건널 때이다.
이곳에 도착해서 눈앞에 펼쳐진 광경을 보게 된다면, 당신은 틀림없이 반하게 될 것이다.

퍼스의 서쪽 로터리 연방 공원 산책로. 킹스 공원, 호주 서부
Lotterywest Federation Walkway, King Park, Perth. Western Australia.

Architects: Donaldson+ Warn, Architects

Client:
Botanic Gardens and Parks Authority

Design Team:
Geoff Warn(Design Director)
Tom Griffiths. Jonathan Lake. Chris Mellor. Robyn Moore. Andrew Scafe. James Webb

Structural Engineers
Capital House Australasia
Brian Nelson
John Knuckey
Domenic Malatesta
Chris Samson

Environmental Artist:
David Jones

Construction team:

Head Contractor:
John Holland Pty Ltd

Steelwork Fabricator:
Jupiter Steel Pty Ltd

Quantity Surveyors:
Ralphbeattie Bosworth

Landscape Architect:
Plan E

Photographer:
Martin Farquharson

Site plan / 배치도

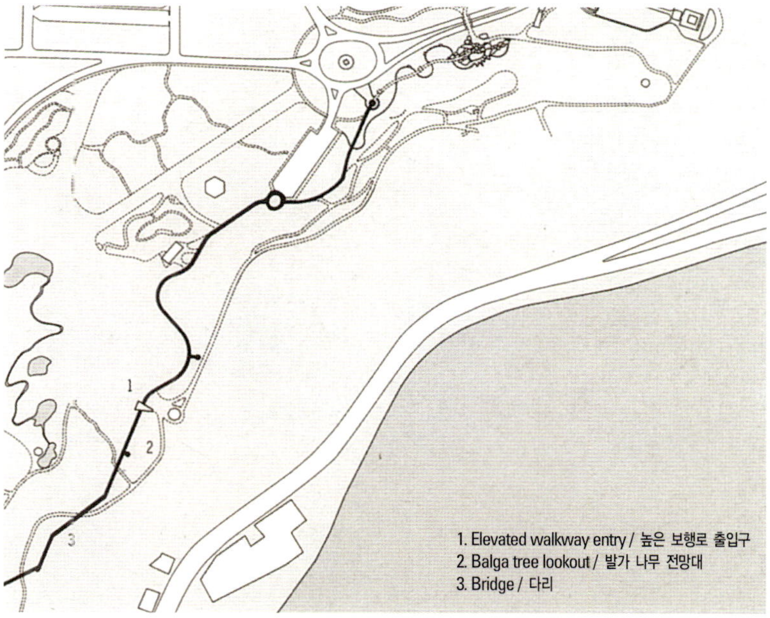

1. Elevated walkway entry / 높은 보행로 출입구
2. Balga tree lookout / 발가 나무 전망대
3. Bridge / 다리

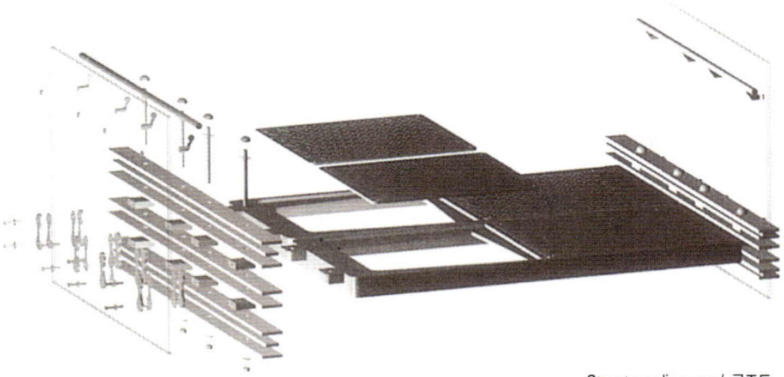

Structure diagram / 구조도

Sectional perspective / 투시단면

Walkway is not unlike D+W's very successful Tree Top Walk (a kind of bridge across the trees) in the south-west Tingle forest of the Walpole-Nomalup National Park. As with the Tree Top Walk, the Walkway project is a collaboration with WA sculptor David Jones and other artists. This has lifted the object out of its pure functionality and into an aesthetic object that can be enjoyed for its own object-hood, but more interestingly, for the aesthetic experience of using it. Posing as a straightforward tourist attraction, the walk and bridge accommodate a set of conceptual intentions that invigorate its apparent benignness.

As s structure, D+W have taken this opportunity to push the limits of what sculpture might be. The language of materials and its location immediately evoke the massive Corten steel installations of American sculptor, Richard Serra. Yet, the necessity of its purposefulness has also allowed an opportunity to engage with the grand gestures of Expressionist influences, such as American painters Franz Kline and Robert Motherwell (both apparent in some of D+W's previous building designs). The strength and power of the steel frame is beautifully counterpoise by the lyrical lightness of the glass; a foil to the heavy-metal language of this macho-expressionism. Geoff Warn (the design director) has achieved just the right balance between these two aesthetics; neither overpower the visual language of the structure. By using such powerful and graphic influences it is obvious that there is no pretence he to "touch the earth lightly" rather, this is all about "look at me"and enjoy what you see. It works.

The other, more demanding, idea of the structure that has to be understood, is the actual experience of using it. Within the history of art, there is a long and telling history of walking in nature. Most recent the work of British landartists Richard Long and Hamish Fulton, and their 'protege' Andy Goldsworthy has caught the public imagination.
The idea of 'just going for a walk' seems so strange (outside of fetching the milk or some fitness attempt) that the possibility of doing so with an aesthetic intention probably sits well outside of the popular imagination. But it is precisely this that Long and Fulton insist upon. That we walk, look and see, and think about what we see, and gradually become aware of our own being.

A grand and wonderful sentiment not the sort of thing usually asked of a tourist in Kings Park but this is the real rhetoric of D+W's Walkway and bridge. It formalizes a short moment when we are directed in our physical negotiation of the natural world. The designers hope we will at least notice one or two things they have planned along the way. While we have to acknowledge that nature as presented Kings Park and surrounding this walk is highly cultivated, it is enough to know that people are being precisely directed to understand which and where indigenous flora exists in the park, While necessary the didactic plates all over the place spoil this somewhat by under-estimating human inquisitively. The plantings around the walk are all re-introduced original species, replacing the exotics that have invaded the park since European contact. The apex of the walk is the moment when you reach the top of the strongly inclined glass bridge over the ravine which, (in an irony I want to try to untangle later) was a place for Noongar 'women's business'. When you reach this point your view is directed in a very particular way.

자연 속에 위치하고 있는 육상경기장 트랙은 주변 전망의 가치를 높이고 운동경기를 자연에 더 가깝게 느끼도록 해준다. 경기장 트랙은 자생의 오크나무 숲 속 개간지에 위치하고 있다. 숲을 따라가다 뒤 배경으로 보이는 숲의 모습이, 경기장 트랙과 숲의 관계가 형성되기 이전의 모습과 큰 차이가 없는 것처럼 보인다.

개간지와 숲 사이에 작은 테라스나 제방을 만들어줌으로써 이 장소는 더욱 더 향상되었다. 그런데 오크나무 숲 속의 화산폭발로 인해 그곳은 두 개의 지역으로 나뉘게 되었다.

큰 규모가 필요한 경기장 트랙은 심각한 자리선정 문제에 당면했다. 우리는 다시 트랙을 어떤 방법으로 이용할 수 있을까에 대해서 개방된 사고로 다시 한 번 생각하면서 현재의 특징을 어떻게 자연에 되돌려 놓을 것인가를 고민했다. 숲은 트랙지역을 눈에 잘 뜨이도록 만들었다.

우리의 한편에는 운동선수들이 있고, 다른 한쪽에는 환경론자들이 있는 심각한 대치상황 가운데에 놓여 있었다. 전자그룹은 한 그루의 나무도 원하지 않았고, 후자그룹은 단 한 그루의 나무도 베어지는 것을 원하지 않았다. 매개체로서의 나무들은 계절을 변화시켜주는 필터역할을 한다. 불투명한 필터에서부터 반투명, 투명한 필터까지 매우 다양하다. 오크나무 숲 개간지의 전 농경지는 한계에 도전하는 긍정적인 공간으로 변모했다.

감시자 역할을 하는 불빛은 줄기가 뒤엉켜져 있는 형태로 만들어졌으며, 이는 일종의 경보태세와 같다. 제방 둑과 작은 테라스는 지형에 잘 맞추어져 있으며, 대중의 편의를 위해 제공되는 장소이다. 타워는 공간의 관계와 타협하고 이를 성립시켜 주고 있다.

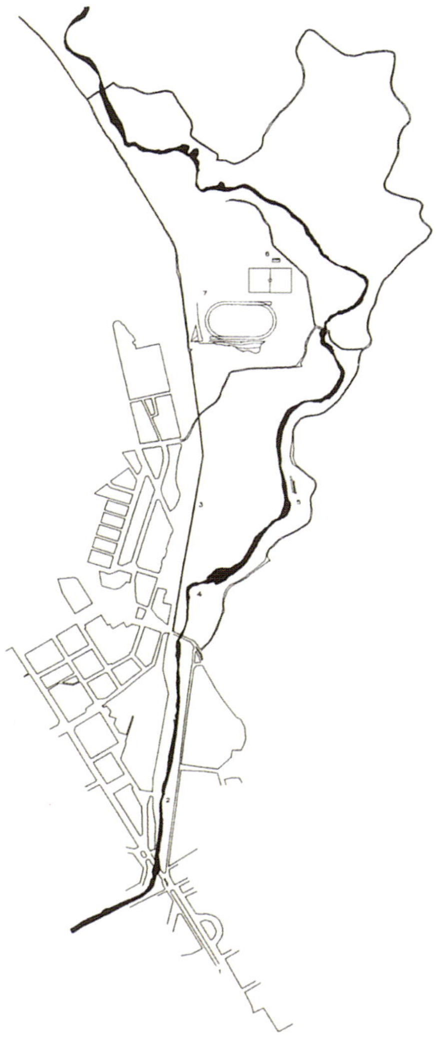

Site plan / 배치도

M. Planelles

육상경기장(스타디움), 오롯, 지로나
Athetics stadium, Olot. Girona

Architects:
RCR arquitectes
Rafeal Aranda, Carme Pigen, Ramon Vilalta

Location:
Parque Fluvial Tussols-Basil. Olot, Girona

Client:
Ajuntament de Olot/consell Catala de l'Esport.
Generalitat de Catalunya.

Collaborators:
Project: M.Tapies, A.Saez, M.Bordas

Structural Engineer: Brufau, Obiol, Moya

Model:
G.Rodriguez

Quantity surveyor:
P.Rifa

Contractor:
COEMPCO S.A.

Photographs:
E.Pons

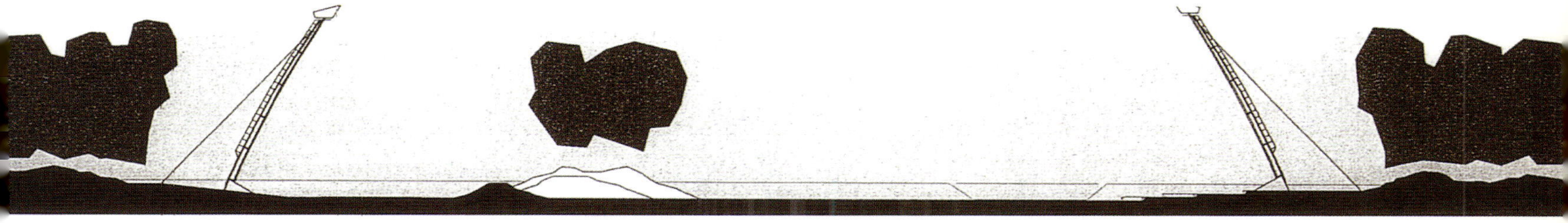

Section / 단면도

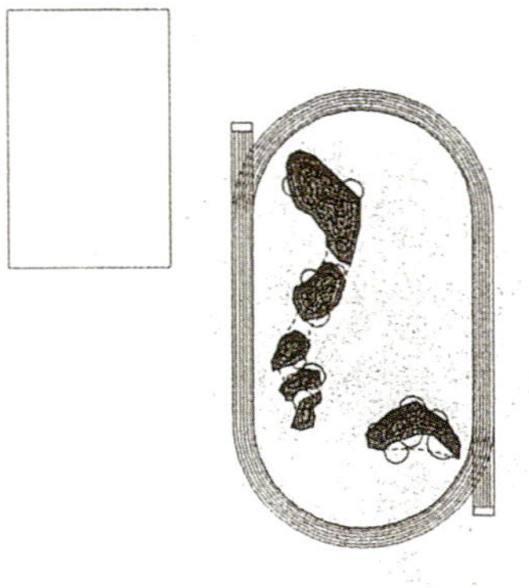

Vegetation and topography / 지형과 식물

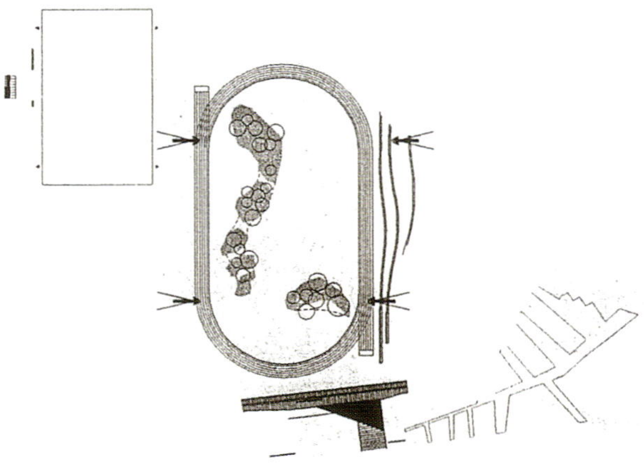

Facilities / 시설물

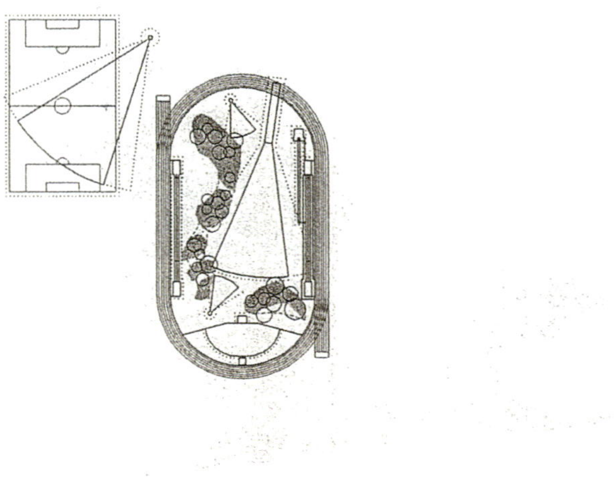

Games / 놀이시설

Placed in a natural setting, the athletics track accentuates the landscape values of the environs and draws the athletics events closer to natural. The track is a clearing in a sessile oak forest. Forest alongside, forest in the background and forest in the distance are the relationship established between the track and the forest. The stands are enhanced by taking the form of small terraces or embankments between clearings. The site of an athletics track posed serious siting difficulties. We decides to rethink, with an open mind, how a track works and to return the running figure to a natural setting. The forest made the track area visible. We undertook the project in the midst of serious confrontations between athletes on the one hand and environmentalists on the other. The former did not want one single tree, the latter did not want one single tree to be chopped down.

The intermediate trees are filters that change with the seasons. Form an opaque filter to a translucent or semi-transparent filter. There is something more in the distance, if we venture further: following our intuition, the space opens up. The former cropland of the clearing in the oak forest has become a positive space that reaches beyond its limits.

The lights, like watchtowers, are alert, emerging form the tangle of trunks. The embankment and the small terraces adapt the topography and serve the public. The towers converse and establish spatial references.

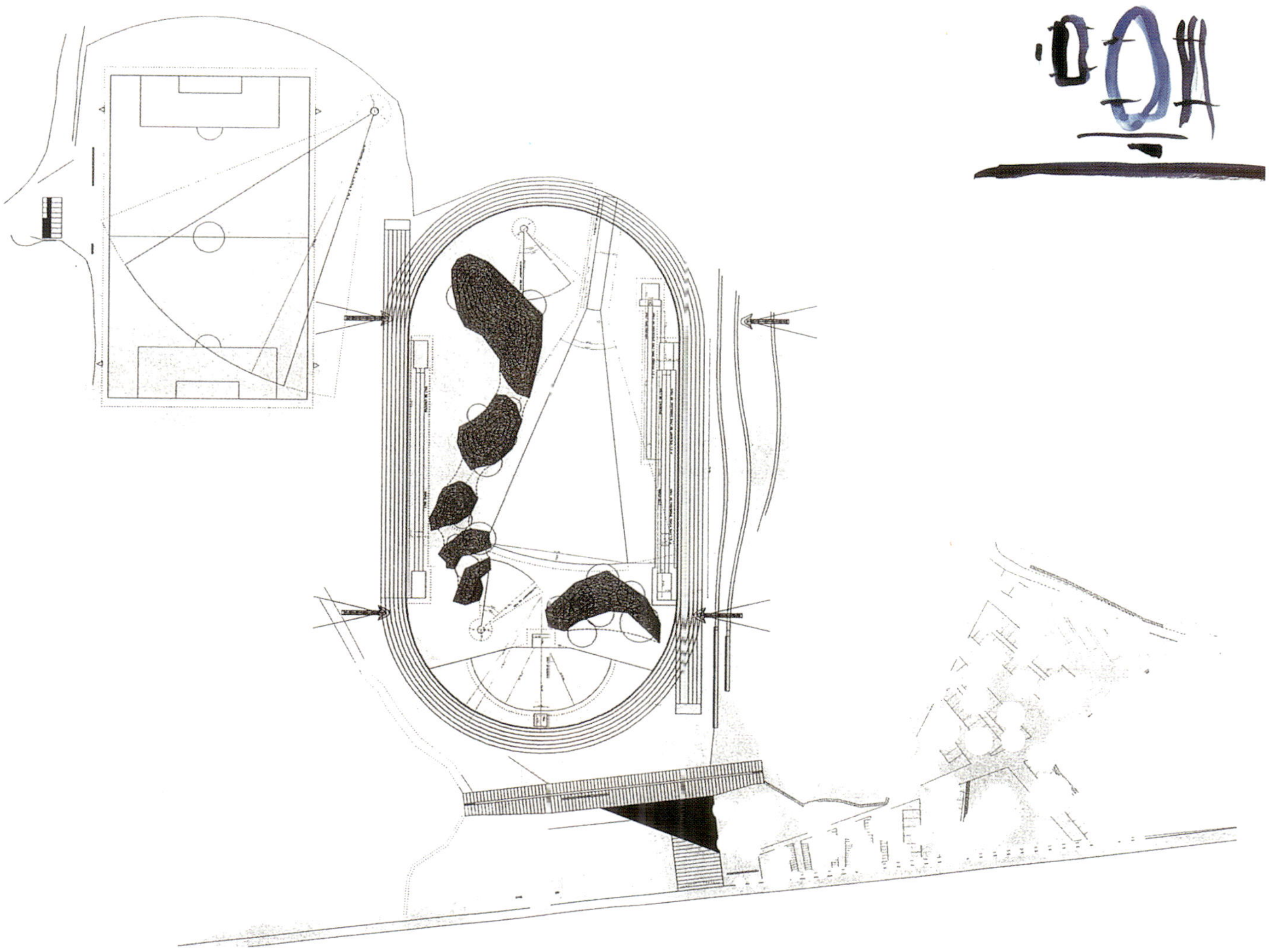

Overall Plan / 종합계획

공중화장실, 센젠(深圳). 중국
A Public Toilet, Shenzhen. China

Architects:
X-Urban Consultants
Tsinghua-Yuan Architectural Design

Architect:
Xiaohua Fei

Collaborators:
Houli Pen, Hua Shen

Client:
The Park of Lotus Hill
Shenzhen, China

Engineers:
Xiumei Wang, Yangming Chen, Xiang Guo

Photographs:
Xiaohua Fei

Model / 모형

이것은 중국 남쪽의 열대도시인 센젠에 위치한 덩샤오핑의 죽음을 추모하는 공원인 메모리얼 가든에 있는, 연꽃 언덕의 용마루에 위치하는 규모 78㎡의 건물이다.

이 장소는 나무들로 우거진 경사진 곳이다. 빽빽한 나무들 사이로 사람들은 동쪽에 있는 도시의 파노라마경관을 즐길 수 있다. 본래의 생태계를 유지하기 위해 새 둥지와 같이 생긴 건축물이 땅 위를 떠다니거나 숲 속에 숨겨져 있으며, 심지어는 서쪽으로 가는 조그만 주차장의 굽은 다리 위에 매달려 있기도 한다.

수평 및 수직방향으로 된 통풍을 위한 하얀색 강철 기둥이 건물을 둘러싸는 덮개형태로 측면을 고정시키고 있다. 긴 캔틸레버 지붕은 따가운 햇볕을 막기 위해 만들어졌다.

편안하고 흥미로운 내부공간을 만들기 위한 또 다른 시도로, 투명한 나뭇잎 무늬가 드문드문 그려진 유리로 만든 커튼이 드리워져 있다. 그래서 볼 일을 보는 동안 화장실 안에 있는 사람은 경치를 즐길 수 있도록 되어 있으며, 손을 씻는 동안에도 밖에 있는 사람들과 이야기를 나눌 수 있다.

나뭇잎 모양의 투명한 유리커튼과 하얀색 강철기둥의 조화는 건축에 도입된 나무다발의 이미지로 사람들이 화장실을 보는 시각을 새롭게 만들어주었다.

건축가는 그 나무들이 그 장소에 영원히 있어 모든 사람들의 마음 속에 기억되기를 바라고 있다.

It is a 78 square meters building located at the ridge oh Lotus Hill in a park, Shenzhen, a tropical city in southern China, servicing for Deng Xiao Ping Memorial Square on the top of Lotus Hill.
The site is a forestry slope. Though trucks of trees, people can enjoy the panoramic view of the city in the east. To maintain the original ecological environment, the building like a nest floats above the ground and hides in the forest, linked by a curve bridge working as an entrance with a small parking lot in the west. Unenclosed envelope s are Fixed on the sides of white steel columns for horizontal and vertical ventilations. The deep cantilever roof is built for sunshade.
In other to create a comfortable and interesting interior space, the glass curtain is frosted in portion and leaves some leaf-shape pattern scattered transparent. While urinating, people inside can enjoy the landscape, and while washing hands, can communicate with people outside.
The combination of leaf-shape pattern on the curtain with white steel columns recreates an image of bunch of trees removed for the building, when people view the toilet. The architect hopes that those trees would live forever in people's mind on the site.

Site plan / 배치도

Floor plan / 평면도

South elevation / 남측 입면도

West elevation / 서쪽 입면

East elevation / 동쪽 입면

Section / 단면도

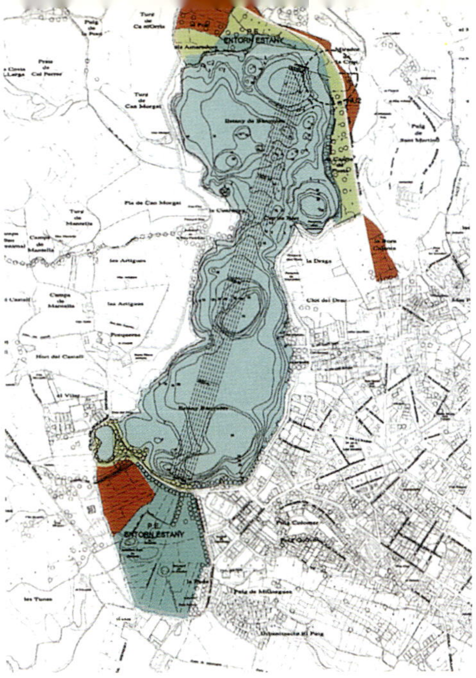

Location / 위치도

바이널리스호수의 요트코스, 지로나
Banyoles lake regatta course, Girona

Architects:
etc. arquitectura: Josep Cargol + Ricard Turon

Location:
Cabezal norte Estanque de Bañolas, Bañolas, Gerona

Client:
Banyoles Town Council

Advisers to client:
Universitat de Girona, LIMNOS, Escola de Natura
Collaborators:
Concurso anteproyecto 2000: GMK Associats SL, Ingrid Valero

Consultants:
Structure:
GMK Associats SL, Carles Gelpí, BIS (David Garcia)
Civil engineering:
Criteri SL (Josep MasÓ)
Quantity surveyors:
Jaume Vila, Envic Vilaitjana
Environmental Impact Study:
MEDIS, S.L. (Josep FarrerÓ)

Contractors:
EPSA
Observation Tower
concrete Bench

Models:
Marta Estarriol, Nuri Vila, Bru Fornals

Photographs:
Josep Cargol, Ricard Turon

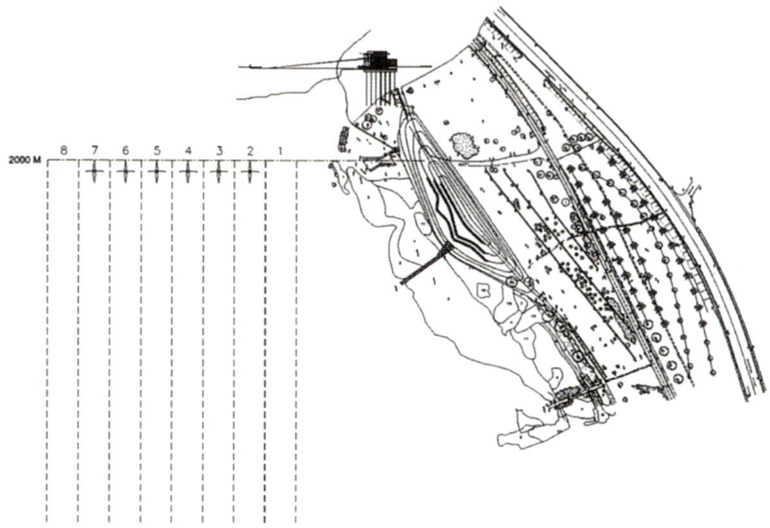

Site plan / 배치도

바이널리스 2004 세계조정대회에서 알려진 바와 같이 바이널리스 호수는 국제적인 조정대회에 적합하다는 평가를 받고 있다. 그렇기 때문에 호수 주변에 대회를 구경하러 온 사람들이나 심판들이 있을만한 장소를 조성하여야 하며, 대회가 끝난 후에 머물 수 있는 곳 또한 조성되어야 한다.

조정시합에 필요한 특별한 구조 때문에 호수의 형태와 주변 레저, 레크리에이션과 쉽게 융합할 수 있으며, 리서치와 호수 시스템의 자연친화적인 이용에도 적합하다.

곡물들이 지형을 점령하는 것과 마찬가지로 지질의 형태학은 관찰자를 첫 째로 물가의 가장 가까운 곳에 위치하게 한다. Banc-i-tu라 불리는 조립식 콘크리트 벤치는 주변 나무들과 쉽게 융화되어 있다. 8km가량의 산책로에 잔디밭과 벤치를 번갈아가며 설치하여, 호수를 걷거나 뛰는 사람들이 휴식할 수 있도록 배려하고 있다.

수직으로 서있는 투명하며 가벼운 통나무로 만들어진 건축물은 나무 사이에 위치하여 있으며, 그 안에서 조정시합이 심판과 여러 가지 사진기계, 그리고 호수에 대한 지형학적, 생물학적인 분석에 의해 판정되고 있다. 또한 조망타워는 콘크리트 기둥이 호수 밑 15미터까지 들어가 있으며, 수면에서는 7미터 가량 올라와 있다. 또한 65개의 통나무가 이 건축물 위에 설치되어 있으며, 또 그 위에는 조정시합을 관람할 수 있는 장소가 마련되어 있다. 이와 같이 육지와 수면 위에 지어진 건물들은 마치 19세기에 건설된 물위의 축을 연상케 한다.

관측을 위한 조망대는 작업장에서 미리 사전검사를 받게 된다. 현장에서 콘크리트 벽을 스틸로 고정시키기 위해 100×200mm 길이의 기둥(다섯 개의 40mm 크기의 전나무가 하나로 이어져 있음)이 125×250mm 크기의 4개의 줄기를 떠받치고 있다.
이 상단부분의 배수로는 물을 배출시키고 끝부분까지 물을 통과시켜 주는 역할을 한다. 여러 개의 들보가 바닥과 천정구조에 맞게 서로 얽혀져 있으며, 이는 야자나무 널빤지로 덮여져 있다.

Detail of tiered seating / 단 쌓기 상세도
Prefabricated concrete bench / 조립식 콘크리트 벤치

1. Compacted earth in 25cm layers / 25cm 흙다짐
2. Topsoil +/- 15cm / 표토 +/- 15cm
3. Indigenous ground cover plants / 토종 지피식물
4. Prefabricated concrete stand / 조립식 콘크리트 기초
5. Geotextile membrane / 기초타일 마감
6. Gravel base +/- 20cm / 자갈기초 +/- 20cm

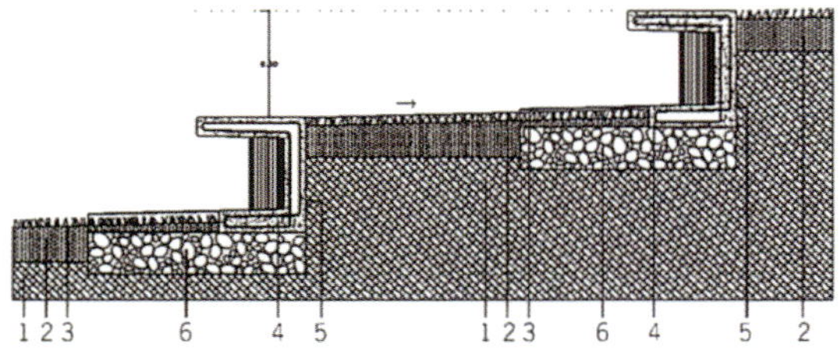

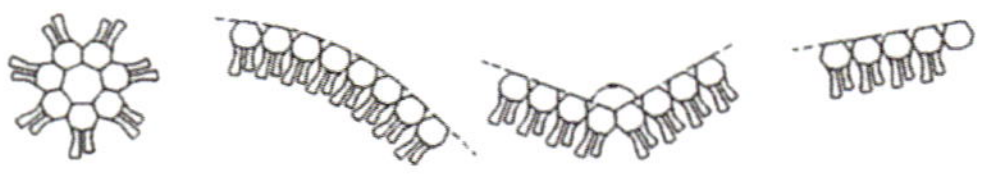

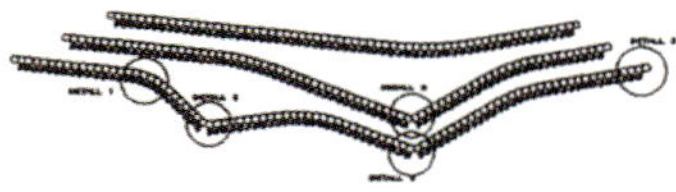

Observation deck level / 관찰 덱크 레벨

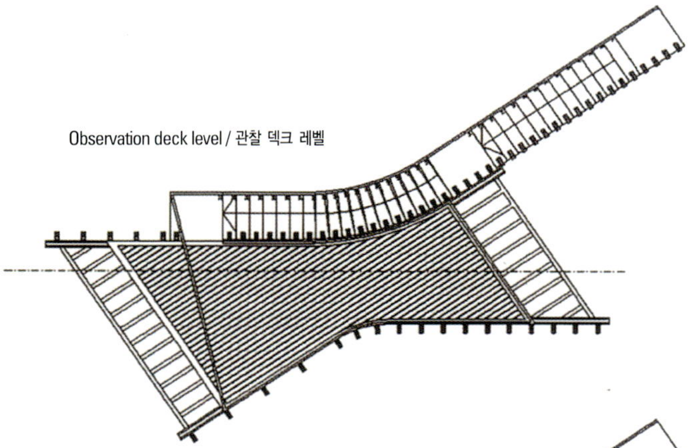

Judges' box level / Judges' 상자 레벨

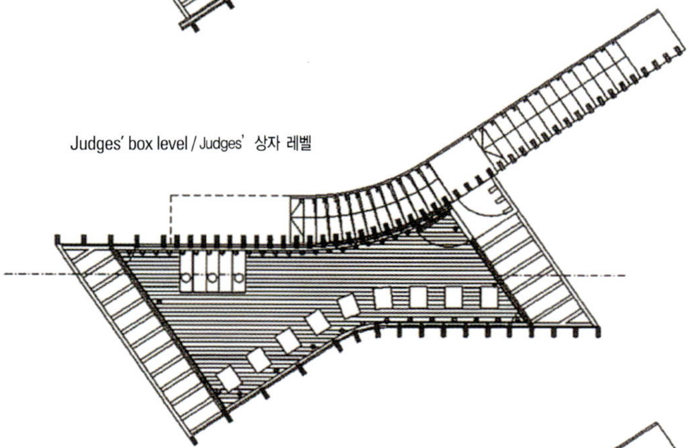

Foundation level / 기초 레벨

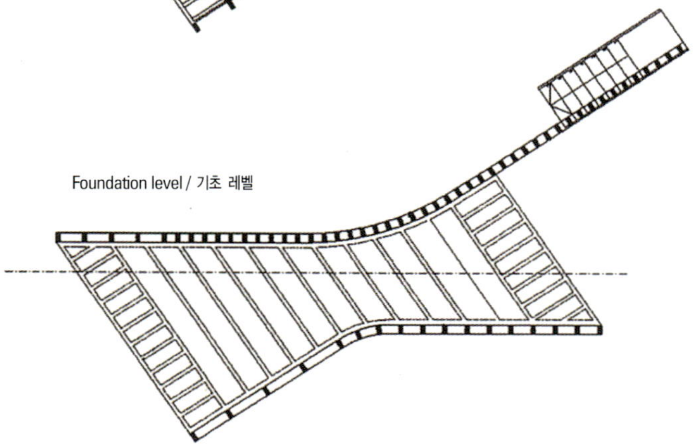

International recognition of the suitability of Banyoles lake for rowing competitions, with the Banyoles 2004 World Rowing Championship to be held within months, made it necessary to find a flexible solution for the boat race spectators and judges that would continue as a permanent sports amenity after the event for which it was created had ended.
The geometry demanded by the bort racing regulations has been superimposed on the lake's topography and bathymetry and its sports functions have been combined with the characteristic leisure, recreation, research and nature uses of a lake system.
A topography of earth movements, similar to the colonization of the rural landscape by terraces of crops, places the first spectators near the shore. A prefabricated concrete bench, 'Banc-i-tu', blends in whit the predominant tones of the nearby trees. One after another, resting on the ground, there benches form integrated tiered seating that retains the terraces and defines new paths running parallel to the eight kilometer pedestrian circuit and impromptu athletics track that encircle the lake.
A vertical, transparent, lightweight timber structure anchored between rushes in the water houses the boat race judging, with high-definition photographic equipment at an intermediate level, as well as ecological, biological and naturalist observation of the lake environment. The observation tower, a construction on concrete micropiles driven 15 meters into the bed of the lake, floats up to the seven-metre level. Its 65 pillars of treated laminated timber support a small glazed space and lead to the upper level of the observation deck. This new pesquera, raised above the ground and the water, joins the silhouette of the 19th-century constructions on the water.
The observation pavilion assembly was pre-checked in the workshop. On site, anchored by steel sections to concrete walls, the 100×200 mm pillars (five 40 mm fir-wood sections glued together) support 4 curved 25×250 mm beams, the top two of which form gutters to drain off the water and have drips at their ends. A number of joists laid across the beams comprise the floor and roof structures and are covered by tali wood planks. The pillars are placed 45, 60 and 90 cm apart on the south side, facing the rowing course, but only 30 cm apart on the north side, while the corbelled steps run laterally up the entire exterior. The buckling forces are balanced by placing planks (also of laminated fir) different lengths between the pillars at different heights, in suitable positions for sun control and in relation to eight pairs of main nodes.
Waterline: ducks, rushes, micropiles, timber stilts, pesqueras, grass, Banc-i-tu benches, terrace and trees, arranged with a little acupuncture within a special protection area; currently a Nature Interest Space, in the future perhaps a Nature Park?

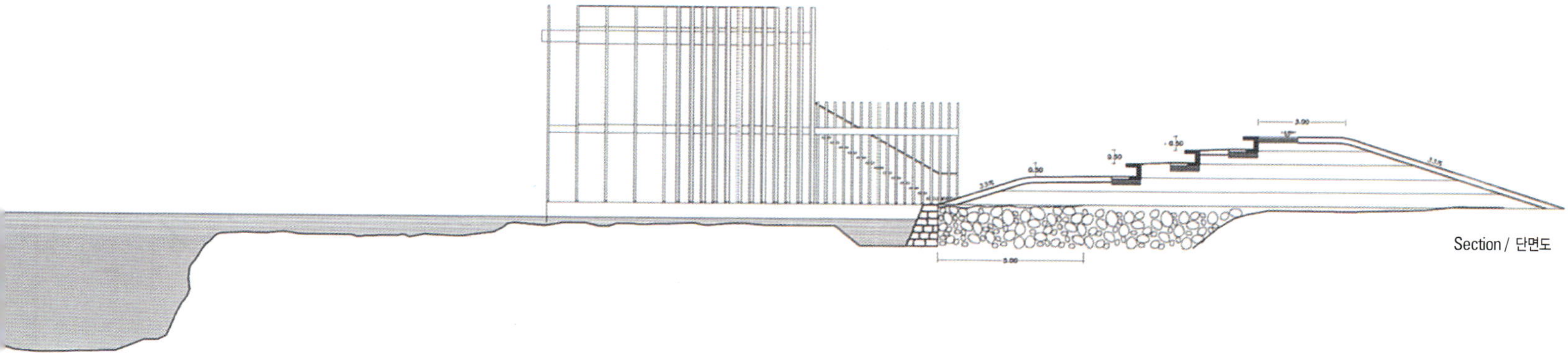

Section / 단면도

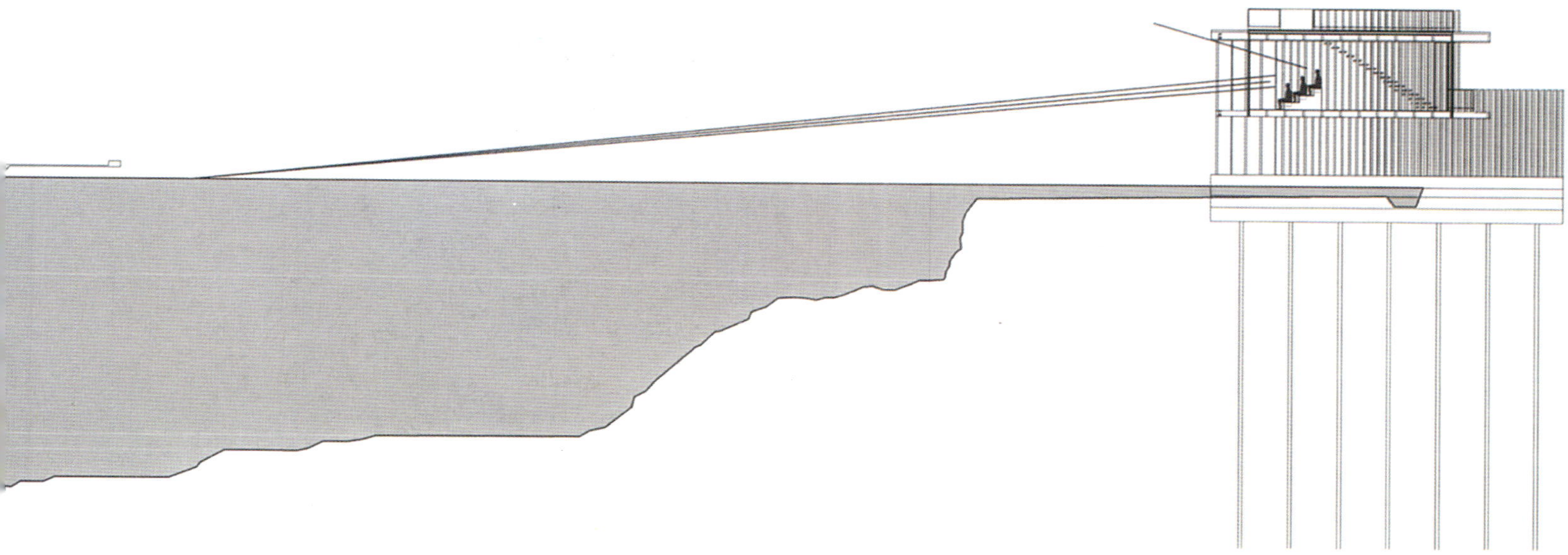

에레타 공원, 알리칸트
Ereta Park, Alicante

Architects:
Marc Bigarnet & Frédéric Bonnet

Site:
Alicante

Client:
Generalitat Valenciana,
Dirección de Urbanismo, Transportes y Obras Públicas
Ayuntamiento de Alicante

Services supervison architect:
Migule Salvador Landman

Collaborating architect:
Armando Sempere Pascual

Contractor:
CYES S.A.

Surveyor:
Luis de Diego Fort

Agricultural Engineer (planting specification):
Maria Dolores Lozano

Photographs:
Frédéric Bonnet, Marc Bigarnet

도시의 상징물을 되찾기 위하여

Benacantil 산은 오래된 지형과 항구, 그리고 바다를 굽어보고 있다. 이 산은 매우 험한 요새로 이 지역이 낙후되고 방치되게 된 주요한 이유 중 하나이다. 이 장소에는 커다란 돌, 자연 그대로의 지형이 남아 있다.
이 공원이야 말로 이 장소의 역사적인 지형지질학의 상징물을 되찾는 장소라 할 수 있다.

3개의 유럽 경합대회가 열린 1994년도에 발렌시아 지역 정부와 알리칸트 시의회는 우리에게 도심공원을 지을 수 있도록 허가를 내 주었다. 이 장소의 험준함과 널려져 있는 돌들, 남서향으로 된 지역, 그리고 접근성이 용이하지 않다는 점이 이 장소를 낙후되게 만들었다. 이와 같은 환경은 이곳에 정원을 만드는 것이 상상조차 하기 어려운 도전이라고 생각하게 만들었다.
이 자연적인 공간을 도시의 공간과 연계하여 항구의 중심지와 연결하고 도시를 방어해주는 자연적인 건축물, 즉 산과 바다를 연결해주는 공간으로 바꿀 수 있을 것이다.

Reconquering the icon of a city

Mount Benacantil looks out over the old quarter, the port and the sea. Its strong fortifications had led to this area falling into abandon, like a heart outside the walls. There remained the imposing mass of the rock, tectonic nature, an icon of the city. The park is a recuperation of this geographical landmark.
In 1994, following the Europan 3 competition, the Valencian regional government and Alicante city council commissioned us to create an urban park. Its steepness, fallen rocks, south-west orientation and difficult access had gradually deteriorated the site. It seemed an almost unreasonable challenge to imagine a garden there. Reintegrating this natural space into the habits of the city makes it possible to rediscover the links between the impoverished districts and the bustle of the city centre and the port, revitalise the higher areas of the old city and retrace its natural link with the fortress, facing the sea. This reconquest of a place offered as a legacy also provided happy reencounters with a spectacular, magnificent shared territory.

Block plan / 종합계획도

1. San Pedro threshold / 산 페드로의 문
2. Security guards' building / 비밀안전 건물
3. Bridge threshold / 다리의 문
4. Garrigós wells / 가리고스의 우물
5. San Roque threshold / 산 로그의 문
6. Ships threshold / 배의 문
7. San Rafael threshold / 산 라파엘의 문
8. Boundary / 경계
9. San juan slope / San juan 경사
10. Low road / 하부 도로
11. Carob tree squar / 카로브 나무 광장
12. Water garden / 물 정원
13. Pergola / 파고라
14. Olive tree slope / 올리브 나무 경사지
15. Low promenade / 하부 산책로
16. Valley / 계곡
17. Fountains / 분수
18. Ereta (small threshing floor) / 탈곡장
19. Ammunition store and archaeological remains / 탄약상점과 고고학적 유적
20. Cafeteria and exhibitions / 전시물과 카페테리아
21. Maintenance building / 보존건물
22. Plant nursery / 육묘장
23. Restaurant / 레스토랑
24. Walls threshold / 벽의 문
25. Angel garden / 천사 정원
26. High promenade / 상부 산책로
27. Horizon plateau / 지평선 고원
28. High hill / 높은 언덕
29. San Jordi threshold / 산 조르디의 문
30. Santa Barbara castle / 산타 바바라 성

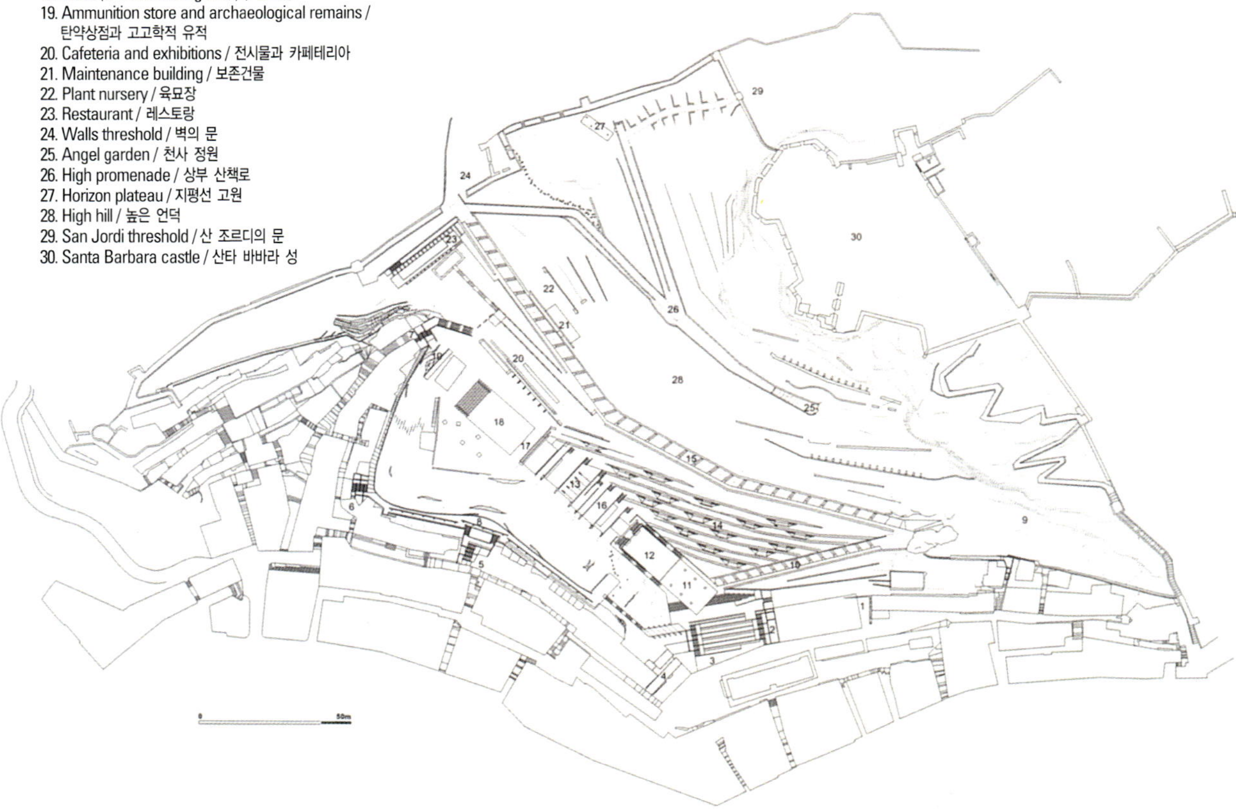

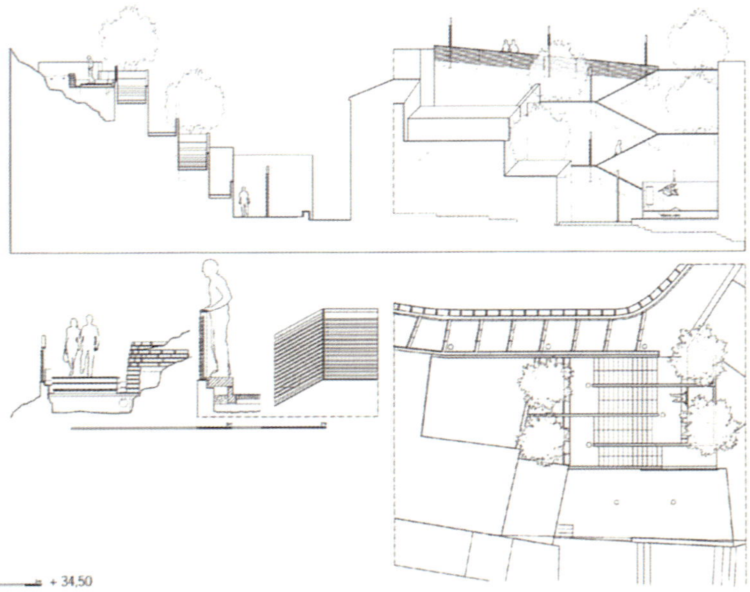

+ 34.50

1

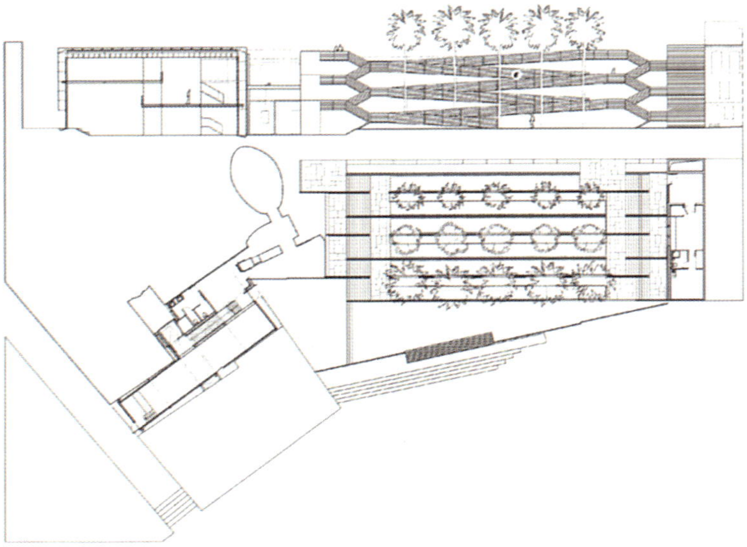

+27

2

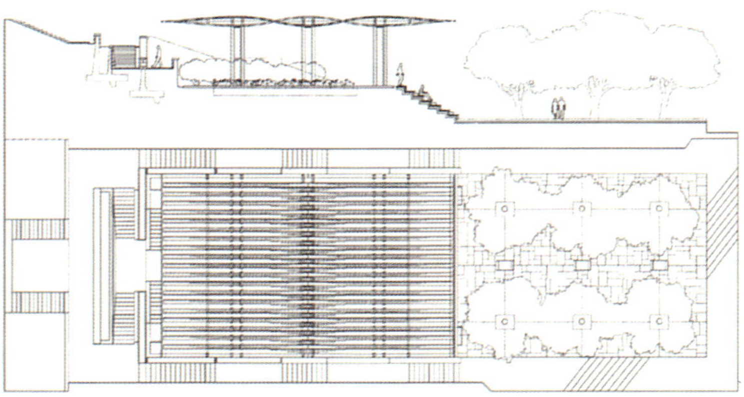

+40

3

1. Ships threshold / 배의 문
2. Bridge threshold / 다리의 문
3. Water garden / 물의 정원

공원에 관한 3가지 전략

도시화가 가장 많이 진행된 장소로부터 가장 원시상태의 지역으로 진행하는 전략

공원의 경계부분은 예전의 도심부와 직접적으로 맞닿아 있다. 이 장소의 요소들과 식물들은 조금 더 도시적으로 길들여져 있다. 방문객들이 이 공원을 올라가게 되면 여러 가지 세계를 접하게 될 것이다 : 올리브 나무가 심겨져 있는 언덕, "시 외곽지역"과 같은 느낌을 주는 지역, La Ereta 광장과 Aleppo 소나무, 도시적인 식물들, 그리고 곳곳에 자라나고 있는 잔디들을 말이다.

기술을 이용하여 접근이 가능한 장소들을 제공한다:
부서지기 쉬운 이 장소의 특징 때문에 이 장소를 지탱할 수 있는 지지벽과 여름철 호우를 대비한 우수 및 방수구 등을 설치하는 것이 꼭 필요하다. 이 공원의 두 주요 장소가 이와 같은 방어용 배수장치를 수용하고 있다: 길의 가장자리에 비를 저장하면서도 나무에 물을 줄 수 있는 장소가 있어서 비를 저장하면서 나무의 뿌리를 이용하여 지면을 단단하게 해주는 두 가지 효과를 한 번에 얻을 수 있다.

여러 다른 지형과 건축의 규모 :
더 이상 지형과 건축, 도시적인 것과 기술적인 것이 분리되어서는 안된다. 이것들은 다 함께 작용하여 땅 그 자체가 보호벽이 될 것이고 건물의 앞부분이 될 것이며 건축물이 하나의 언덕과 같은 형상을 띄게 될 것이다.

Three strategies for a park

Progression from the most urban to the wildest, climbing the hill:
The bottom of the park is in direct contact with the old quarter. The character of the places and the vegetation is more urban, more domestic. Climbing towards the fort, visitors pass through different universes: the olive grove slope, a sort of 'country in the city', La Ereta square and the Aleppo pines, the local scrubland vegetation, then the scattered grasses beside the cliff.
Make use of technical constraints to provide accessible places:
Given the fragility of the site, it was essential to build retaining walls, rain water run-off channels and drains to cope with summer downpours. The two main places in the park are associated with these major investments: the edge is a path that borders the lower part and collects rainwater, while the terracing on the olive grove slope stabilises the soil, limits erosion and constitutes an enormous sponge for heavy rain.
Interweave different geographical and architectural scales:
Breaks between the architectural, urban, landscape and technical scales disappear. In a single movement the ground has become a retaining wall, then a facade; the buildings, set into the ground, and one with the hill and its new structure.

공원안의 장소들

7헥타르에 이르는 공원부지에는 여러 가지 장소들이 배치되어 있다. 때로는 서민적이고, 야생적이며, 때로는 가장 높은 건축물이면서도 때로는 가장 작은 건축물이 서 있는 것처럼 매우 다양한 장소들이 자리하고 있다.
Ereta 광장에서 바다를 내려다봄.
- 입구
- 경계, 공원에서 가장 낮은 곳
- 나무로 장식되어 있는 호수 정원
- 올리브 나무가 있는 언덕
- La Ereta 광장
- 요새로 연결되는 교차되는 공원의 길
- 천사 정원
- 언덕 정상과 'plateau of the horizon'

다섯 개의 빌딩이 이 프로젝트의 일부로 포함되어 있다.
-도심에 위치한 다목적 건물
-보안을 위한 경비실
-정원사의 집
-찻집이 있는 전시관
-파노라마를 조망할 수 있는 레스토랑

The places in the park

The different places laid out over the park's seven hectares range from the most intimate to the most communal, from the wildest, the bare rock, to the most built-up, from the smallest, the thresholds, to the largest
La Ereta square, overlooking the sea.
- entrances
- edge, in the lowest part of the park
- water garden and great wooden trellis pergola
- slope of olive groves and valley
- La Ereta square
- paths crossing the park and leading to the fortress
- angel garden
- hilltop and 'plateau of the horizon'

Five buildings are part of the project:
- multi-purpose building at the interface with the city
- security guards' building
- gardeners' building
- exhibition hall with bar
- restaurant with a panoramic view

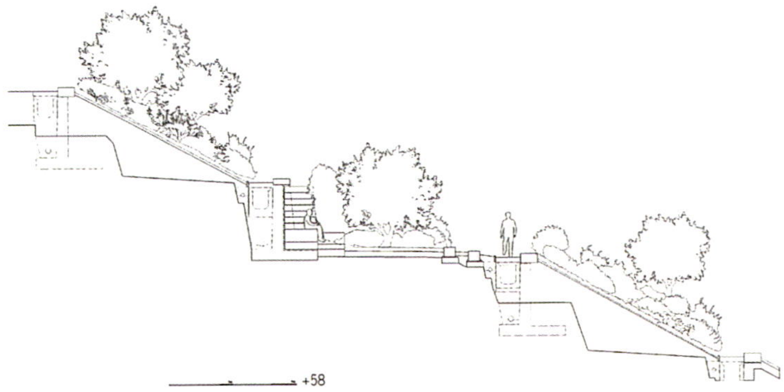

4

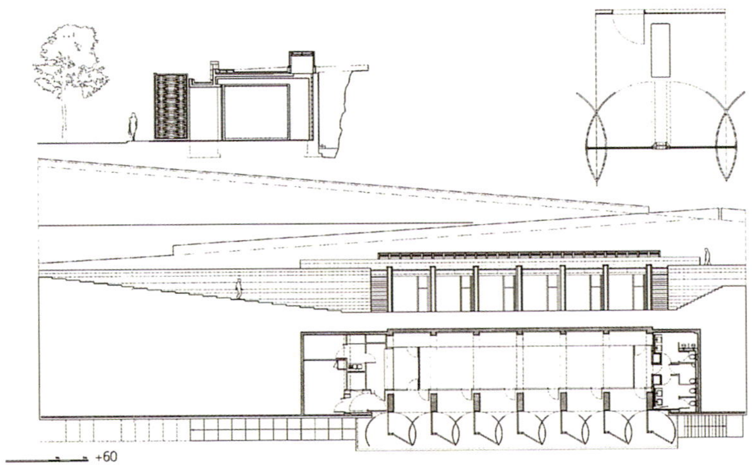

5

4. Olive tree slope / 올리브 나무 경사지
5. Exhibition hall / 전시홀
6. Low promenade - High promenade / 하부 산책로 – 상부 산책로

6

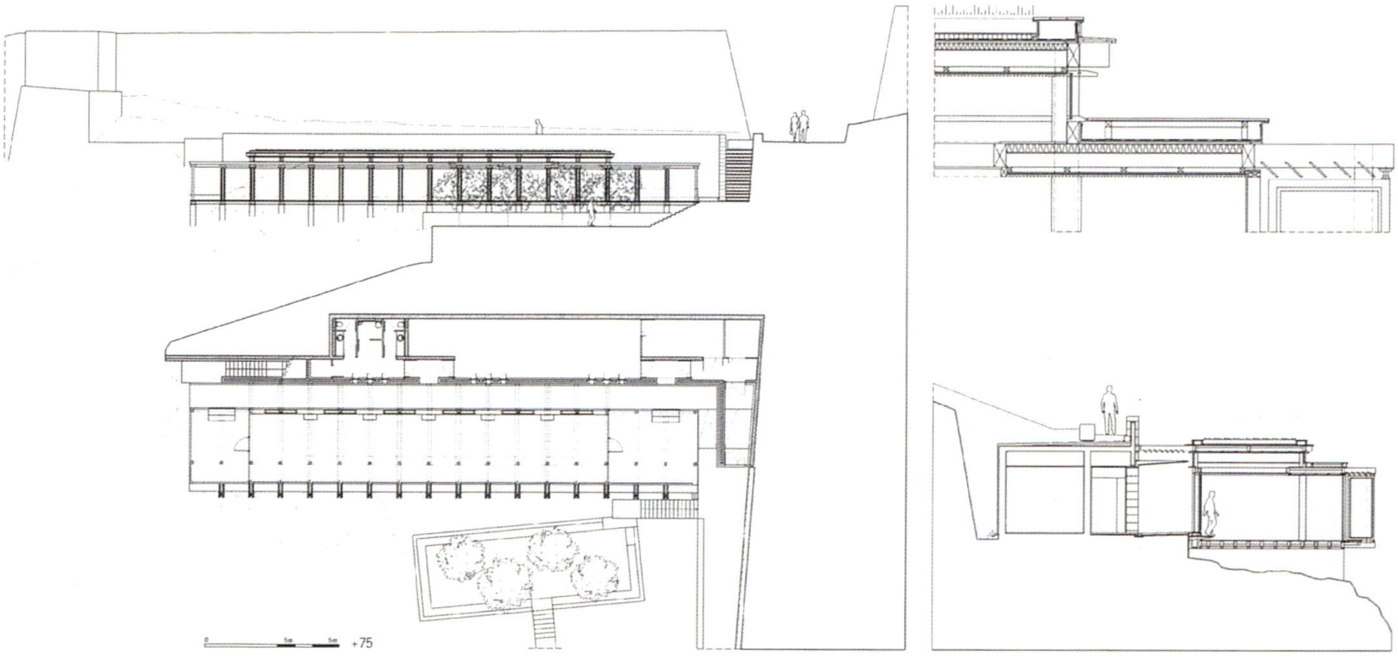

7

7. Restaurant / 레스토랑
8. Maintenance building / 보존 건물
9. Horizon plateau / 지평선 고원

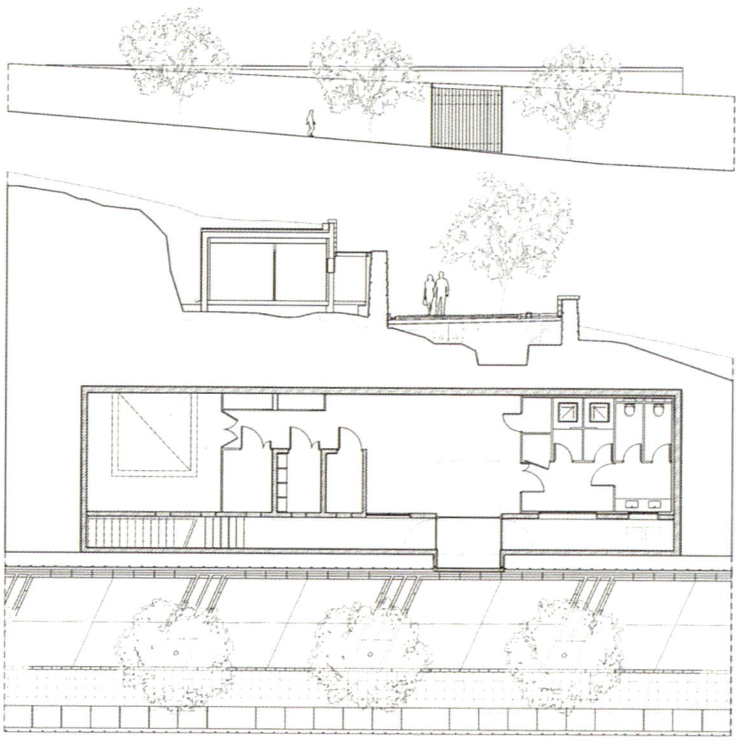

8

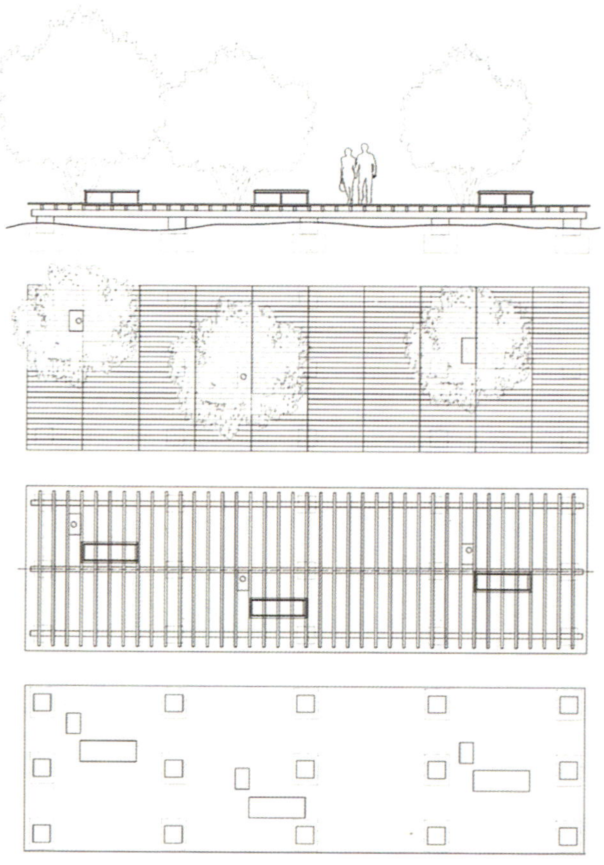

9

제 3장

Etc...
·
기타...

"포장하지 말아라"

토탄덩어리가 Veenkoloniën에서 채굴되었을 때 농부들은 그 기름진 땅에 정착했고, 주로 감자를 기르기 시작했다. 작년에 전분용 감자를 재배하는 것을 위해 국가가 지급하는 보조금이 2006년에는 삭감될 것이라는 안내가 있었다. 이것은 이 지역의 경제적 상황과 토지이용에 영향을 미칠 것이다. 미래의 상황은 어떠해 보이는가?
우리는 이 프로젝트를 통해 현시점에서 불확실한 미래에 대해 더 알아보기를 원한다. 구조는 Bareveld의 오래된 철도역에서부터 인식되어 왔다. 역은 세월이 지나감의 상징이다. 그곳은 여행자들이 그들의 미래를 향해 또 나아가기 전에 잠시잠깐 쉬어가는 장소이다. 감자상자들은 이 지역의 과거인 동시에 미래를 향한 갈구를 나타냈다. 이 지역의 젊은이들은 구조물을 짓고 감자상자에 새로운 용도를 부여하는데 협력했다. 그들은 그들이 미래의 영향을 끼칠 유력한 인물이 될 것이라는 것을 상징하는 그들의 도장을 리본형태로 구조물에 장식했다.

"Don't get boxed up"

After the peat had been dug up in the Veenkoloniën(peat district), farmers settled on its fertile land and started growing mainly potatoes. Last year it was announced that the subsidies for growing starch potatoes may be axed in 2006. This will affect the economic situation and the layout of the area. What will the future look like?
With our project we wanted to symbolize standing in the present and looking towards an (uncertain) future. The structure has been realized at the site of the old railway station of Bareveld. A station is a symbol of the passing of time. It is a short stop for travellers before they move on to the future. The potato boxes represent the area's past as well as waiting for the future (boxes being depositories for seed potatoes). Local youths helped build the structure, giving the boxes a new use. They left their personal stamp on the structure in the form of ribbons they themselves decorated, symbolizing the influence that young people have on the future.

별과 예술
Star & Arts

Architects:
Onix Architects,
Haiko Meijer, Alex van der Beld

Photographers:
SAPH, Rob De Jong
Dékan grafisch ontwerp, Peter de Kan

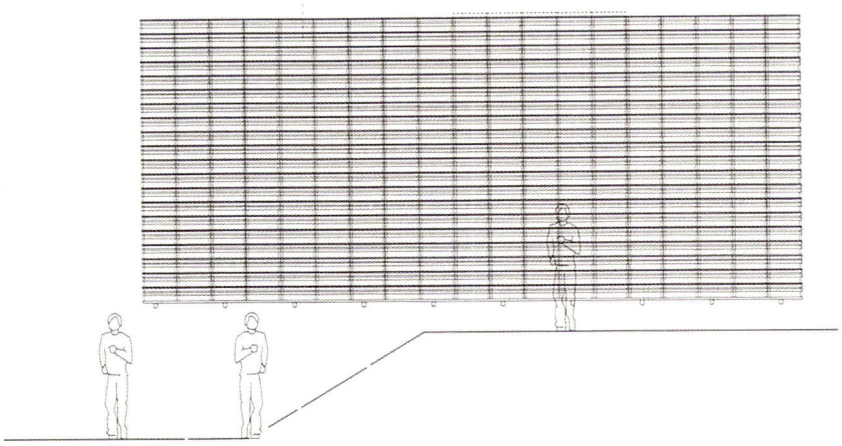

1

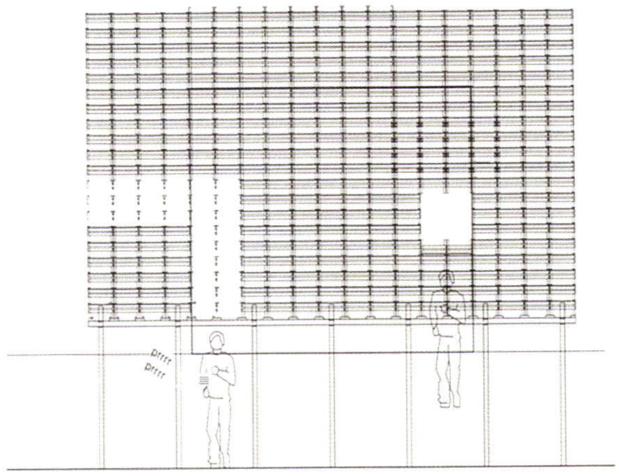

2

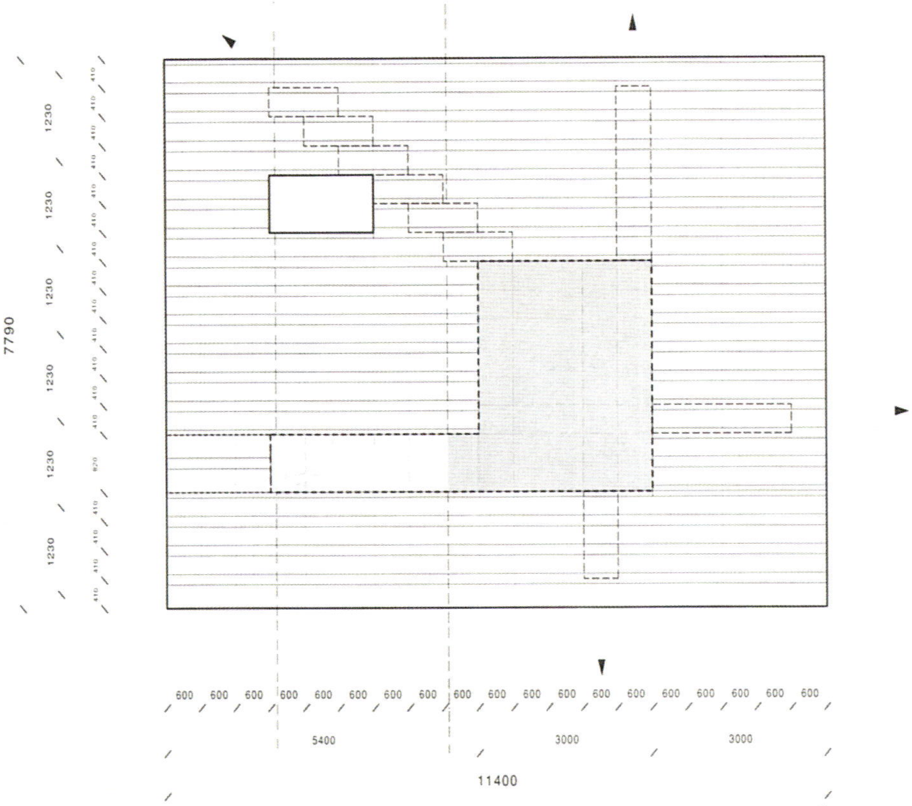

3

1. Frontal elevation / 입면도
2. Side elevation / 측면도
3. Floor plan / 평면도
4. Section / 단면도

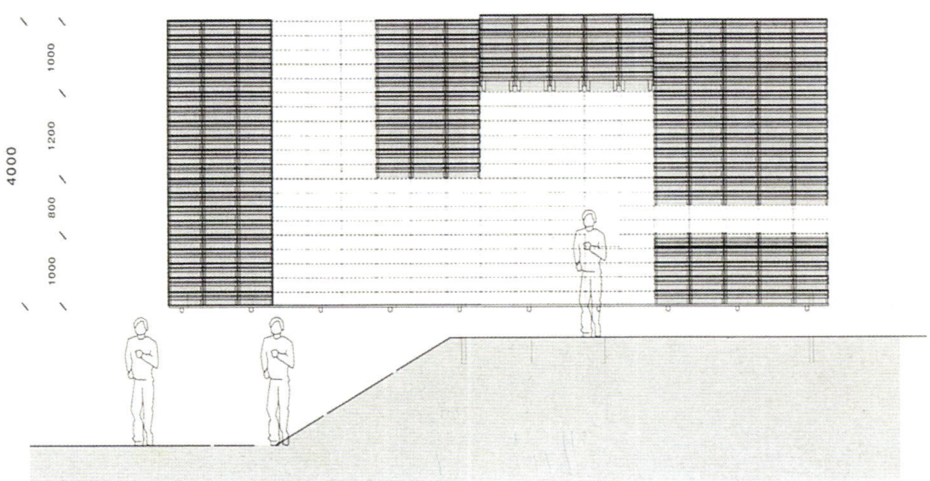

4

"...the rock becomes mantle. The mantle folds, the fold becomes rock. Mouldable rock, moulden rock, soft and warm. My body folds, the rock protects it. Body become rock, rock become mantle. A mantle for the body. Body and rock, under the same mantle. A mantle of the water, warm and continuous, moulding the rock."
natural orography : Cabo de las Huertas, Alicante

"…바위가 맨틀이 된다. 맨틀은 겹쳐 포개어지고, 그 겹쳐 포개어진 것은 다시 바위가 된다. 만들 수 있는 바위, 만들어진 바위, 부드러움과 따뜻함. 나의 몸이 포개어지고 바위는 그것을 보호한다. 몸은 바위가 되고 바위는 맨틀이 된다. 몸을 위한 맨틀. 몸과 바위는 같은 맨틀 아래에 있다. 따뜻하고 연속적인 바위를 만드는 물의 맨틀."
자연 그대로의 산악지: Cabo de las Huertas Alicante.

"...silent wall, torn wall, damage and forgotten. It paralyses the breeze and turns it into silence. quiet silence weeps black tears. Narrow gouges and naked edges send shivers through my soul."
anthropised orography : abandoned quarry, Novelda.

"…조용한 벽, 찢어진 벽, 상처받고 잊혀진 벽. 이것은 산들바람을 마비시키고 침묵으로 바꾸어 놓는다. 조용한 침묵은 검은 눈물을 닦아 낸다. 좁고 둥근 구멍과 벗겨진 가장자리는 나의 영혼을 통해 떨림을 보낸다."
인류발생의 산악지: Novelda의 폐기된 채석장

"...I travel among paths gently rock me. Invented textures comb the cultivated valleys. Transitable orographies invite me to lose myself in the them. An artificial system that unceasingly weaves landscapes, mental landscapes, where dreams grow."
artificial orography : between the folds of my coat.

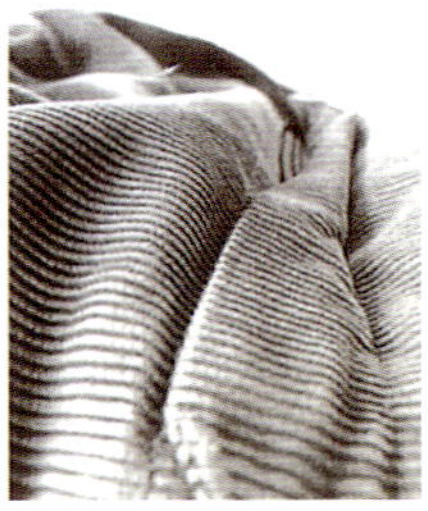

"…나는 오솔길들로만 여행을 해왔다. 그 오솔길들은 날 부드럽게 흔들었다. 발명된 질감은 계곡을 차분히 빗어주었다. 통과할 수 있는 산악은 그곳에서 내 자신을 잃도록 만든다. 꿈이 자라는 끝없이 펼쳐지는 경관과 마음속 경관을 인공적인 체계로 짜는 시스템이다."
나의 코트 사이로 보이는 인조 산악지.

우리는 보긴 보지만 잘 볼 수는 없다.
우리의 나머지 감각들은 잠잠히 가라앉아지고 격렬한 움직임만으로 휘젓는다. 우리의 감정들은 그런 상황에 익숙해져 있었기 때문에, 어떤 놀람에서도 반응하지 않았다.

우리의 마을과 도시들을 걸어 다녀보면 정착되어 있는 도시마을 아래에 자연 그대로의 전망대를 아주 어렵게 가끔씩 발견하곤 했다. 어느 날 기회가 닿아 이러한 이례적인 광경을 보여주는 오래된 사진을 발견하게 된다면, 우리는 강력한 자연 구조물을 발견하고 놀라게 될 것이다.

우리가 도시환경으로부터 멀어지게 되면, 우리의 시야는 급격하게 변한다. 도시에서 우리는 보통 사람들과 같이 정착해서 사는 자연의 진드기를 인식하지 못한 채 살아간다. 하지만 교외에서는 진드기보다 사람의 행적이 더 희미해지면서 진드기의 정체가 드러나게 된다. 우리는 즉시 개방된 전망이 자연전망에 포함되는 것이라는 것을 잊은 채 개방된 전망을 자연적인 전망과 연관시키고 있다. 우리는 자연적인 것과 인위적인 전망을 분명히 구별하지 못한다.

그래서 우리는 계속 우리의 환경을 바꾸려고 노력하는 것이다.
상대적으로 최근까지 우리들은 우리가 끝까지 믿고 있는 것에 대해, 그것들의 중간과정단계에 대한 평가는 그다지 비판적이지 않았다. 주목할 만한 예외를 제외하고는 인류의 특징은 필요에 의한 행동이 주를 이룬다.

가파른 경사지를 경작할 수 있는 땅으로 만들기 위해서, 살 수 있는 장소를 만들기 위해서, 바다나 내천의 물을 끌어 올 수 있게 하기 위해서 자연적인 특징을 활용했다.
그러나 때맞춰 인류들이 만들었던 지형 대부분은 자연의 상태보다 풍요로운 경관으로 만들어졌다.
그러한 경향들은 장소의 가치를 향상시키는 형태로 도입되었고, 우리는 지형을 계속 매끄럽게 고쳐갔다.

우리는 소수의 발명적인 탄생에서부터 배워야 한다. 어떻게 인간이 자연 그들과 공존이 가능하게 했는지에 대한 평형도 찾아내야 한다. 그리고 그들의 환경과 지금처럼 혼자만의 독백이 아닌 대화를 어떻게 구성했는지 말이다.

장소는 그들에게 공간의 자세한 특징을 결정지어주는 지형적인 특징에 의해 조심스럽게 선택되었다. 성공적인 혁신을 위한 느린 발전은 해결방법의 다양성과 상당히 복잡한 형식을 요구한다.

시간이 지나감에 따라, 날씨는 전망의 모든 요소들을 안정시키려는 경향을 나타낸다. 쓸쓸했던 마크는 점차 사라지고 더 이상 구별이 되지 않는 시간이 다가온다 : 시간이 그것들을 공간으로 바꾸어 놓은 것이다.
유적은 화해의 상징이 되었다 : 자연은 그 공간을 복구했으며 관대하게도 그것들에 대한 사람들의 기억과 회상을 도왔다.

통과 가능한 산악지 / transitable orographies, 2004

Francisco Leiva Ivorra

We look but we barely see.
The rest of our senses are lulled and only stir for reglementary action. Our emotions are so conditioned that we are protected from any surprise.

...as we walk around our towns and cities it seldom occurs to us that under the settled urban mantle there was once a natural landscape. When by chance we find some old photograph that shows this unusual presence, we are surprised to discover the strong natural structure on the which they were founded.

When we get away from urban environments our view change drastically. In the city we did not recognize the natural germ that originally prompted human settlement, but in the country it is the traces of man that seem to fade. We immediately associate open landscape with natural landscapes, forgetting that they have been subjected to an infinity of human actions. We are incapable of distinguishing between natural and anthropised landscapes.

...We are continually acting on our environment, transforming it.
Until relatively recently, we were inoffensive in a medium we believed to be infinite. The marks of mankind, barring notable exceptions, were no more than specific actions arising out of need, treated with kindliness and respect.

...terracing steep slopes to make tillable fields, adapting natural features to build habitable places, works to make rivers navigable or tame small areas of sea: all these are major interventions that mark the land.
In time, however, many of these anthropised orographies have created richer landscapes than the natural ones. Nuances have been introduced that enhance the value of the place, infinite glaze s that redraw our geography.

We should learn from the inventiveness born of few resources, from how humans reached a balance that enabled them to coexist with nature and established a dialogue with their environment, rather than the present monologue.

...sites were carefully chosen, often in relation to some geographical feature, giving them a certain character specific to the place. The slow development of successive transformations favoured a diversity of solutions and considerable formal complexity. Enormous experience in the use of the materials ensured dignified ageing.

As the years pass, the wether tends to even out all the components of the landscape. The marks that were once raw slowly fade and a time comes when they can no longer be distinguished: time has turned them into place.
A ruin become a symbol of reconciliation: nature recovers its place and generously accommodates memory of human intervention.

상황은 이제 변했다. 인류는 위협적이며, 그들의 위조능력은 가히 대단하다. 환경적인 영향은 모든 지역에서 특허가 나있고 결과적으로 전망은 통제가 불가능한 상황이다.
인류는 더 이상 그 자신을 작은 규모의 목적적 행동에 제한시키지 않고 토지의 전체성을 바탕으로 행동한다.
인류는 좁은 시야만 더 이상 제한하지 않고 땅 전체를 행동의 대상으로 한다.
우리는 더 이상 땅을 미친듯이 정복하는 행위를 그만두고 이 땅들을 우리 마음대로 잘못 사용하는 것을 그만하여야 한다. 우리는 이제 익명의 존경스러운 건축가가 아니라 비인간적이고 세계화적인 건축가로 변하고 있다.
과연 우리는 언제쯤 모든 땅을 매립해 버릴까?
우리는 우리의 조상들로부터 물려받은 이 땅을 자연 그대로 보존하면서 개발시키는 새로운 도시개발 계획들을 찾기 전까지 기다려야 할까?
모든 기능적인 요소들이 확정적으로 보장되었을 때야만 우리가 지형에 대한 계획을 시도해야 하는 것으로 지금처럼 그저 통신과 전기선으로 연결된 상자들로 이 땅을 정복해나가서는 안될 것이다.
만약 어쩔 수 없는 이유로 땅을 정복(식민지화) 해버려야 한다면, 우리는 그때야 말로 자연적으로 남겨진 땅들을 보존하고 가꾸는데 더욱 더 힘써야

할 것이다.
우리가 귀 기울이면서 조용하게 접근하면… 각 장소는 자신들의 중재지침을 제시할 것이다. 그런 과정을 통해 우리는 지형의 여러 요소들을 천천히 융화시키게 되어 절대로 그것들을 완전히 바꾸어버리는 잘못을 저지르지 않게 될 것이다.
우리의 임무는 우리 조상들로부터 물려받은 땅을 개발시켜가면서 풍요로움을 유지시키는데 있다. 우리의 목적은 지형을 완성시키는데 있는 것이 아니다.
수년에 걸친 인류학 작업에서 우리는 이러한 이상한 땅들을 찾으면서 과학의 연대기로 바꿀만한 기회를 갖지 못했다. 과학자들은 모든 과학잡지에서 편찬되기를 열망하여 눈에 띄지 않게 찾기를 원하고 있다. 이 책은 우리가 발견한 땅에서 찾을 수 있을 만한 지형무역의 작은 컬렉션을 보여주려고 하고 있다. 작은 컬렉션 이라고 하는 이유는 다른 많은 것들이 의심할 바 없이 창조되었고 우리가 모르는 내에서도 개발되었기 때문이다.

건축의 지형적 한계에 근거한 지속성의 법칙

건축은 이제 딱딱한 건물에서 벗어나 지형에 더욱 더 가까워져야 한다. 물론 자연적인 참조자료가 전혀 없기 때문에 새로운 지형적인 지표가 제공되어야 진정한 건축과 자연지형을 융화할 수 있을 것이다.

새로운 지형을 창조하는데 있어 자연이야말로 최적의 참조자료라 할 수 있다. 하지만 여러 가지 복잡한 요소들로 구성되어 있는 건축물을 계획하는 경우, 그 목적에 맞는 구성이 이루어져야 한다.

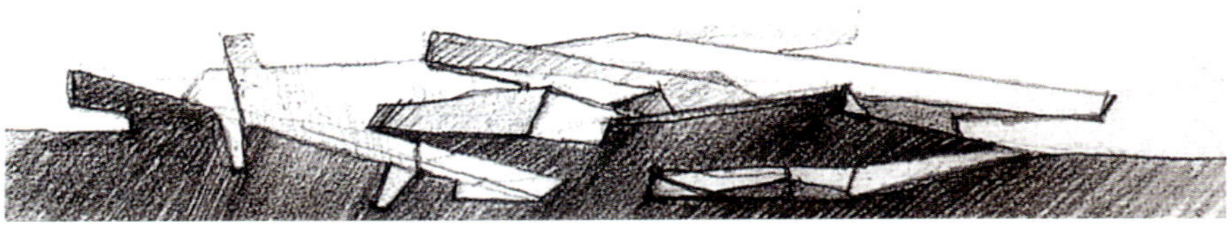

목적이 있는 디자인은 가장 좋은 건물이 될 수 있다 : 우리는 건축물을 여러 각도에서 만들어야 할 것이다! 바닥, 벽, 천장, 방, 현관 등… 우리는 모든 가능성을 활용해야 한다.

바닥이야 말로 건축물을 구성하는 가장 중요한 요소이며, 여러 세대의 건축 프로젝트를 좌우하는 요소로 인정되어 왔다.

우리는 땅 속으로 편안한 형태로 깊숙하게 뿌리를 내리고 있는 계획을 제안했다. 천장을 땅의 연장선이라 보았으며 이것은 늘 우리가 지각할 수 있는 한계 이상으로 자라나게 될 것이다.

바닥이 벽이 될 것이고 벽이 천장이 될 것이며 천장이 결국 지붕이 될 것이다. 모든 것은 지속적이며, 움직이고 있으며, 걸어다닐 수 있고 사용이 가능하다. 그리고 그것들은 조작할 수 있다.

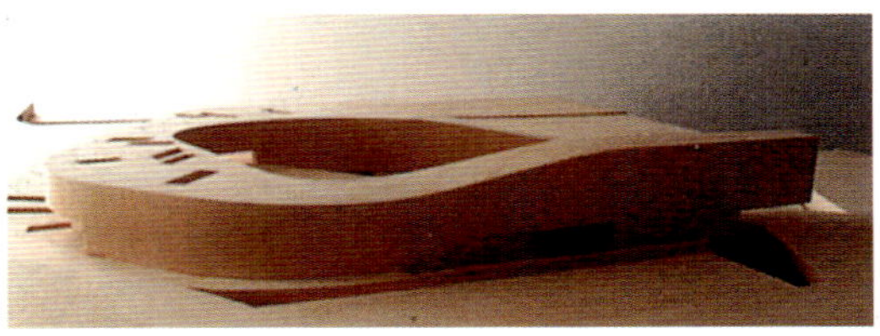

The situation has now changed: mankind is a menace, its power of manipulation immense, the environmental repercussions are patent in every sphere and the resulting landscape is our of control.

Mankind no longer confines itself to small-scape action but acts on the totality of the land. It can no longer give shape to this frenetic colonization as it misuses system that guarantee infinite isotropic growth. We have moved from an anonymous, respectful architecture to an inhuman, globalised architecture.

When are we going to fill in the land entirely?

Do we have to wait for this to happen before we being to try other models of development that will help to generate a quality landscape, like the anthropised landscape we inherited from our forebears?

Having covered the functional guarantees, we should enter into formal undertaking that see land planning as a purposeful review of the landscape, rather than confining ourselves to colonizing it with aseptic functional boxes connected by communication and energy lines.

If we accept the inevitable colonization of the land, we should commit ourselves to generating anthropised or artificial orographies that recuperate the richness and complexity of the primitive natural ones.

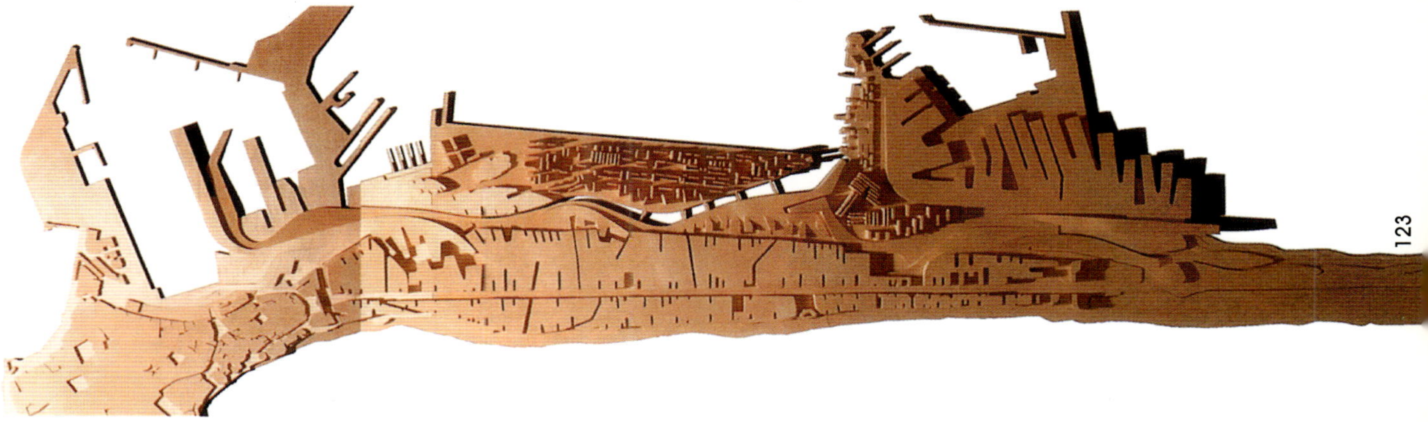

extract from the **'continuist manifesto'**

...we approach in silence, we try to hear ... each place dictates its own intervention guidelines, all we have to do is to discover and interpret them.

Our task is to continue to enrich the anthropised landscape we inherited from our ancestors, introducing a personal vision of it that tinges it to some degree. We do not aim to finish landscapes, we are concerned about designs that insist on definitively blocking any possibility of intervention.

We favour unhurried intervention nourished by subtle actions, allowing us to dialogue with the various actors in the landscape and slowly overlay traces in order to keep a living, changing landscape that never ceases to be interpreted, that does not suffer the human additions but is strengthened by each human action.

continuist rules based on an orographic redefinition of architecture:

Architecture must move away from rigid building parameters and get closer to the orography. Given the imminent lack of natural reference points, it must propose new artificial orographies that allow us to weave true emotional landscapes.

Nature is undoubtedly the first reference point when creating landscapes. but architecture, with its complex constraints, must being to create its own purposeful landscapes, without falling back into the present uninhabitable models.

...a purposeful design that can make the most of the built: let us use these architectures in their every dimension! floor, wall, ceiling, front, roof ... let us exhaust every possible use!

The floor is the main dimension and become a determining factor in the generation of the architectural project.

...let us accept the incorrigible rootedness in the earth of our proposals, excavation as an attitude of respect that eases impact.

We see the roof as an extension of the land, through which to rise until an awareness of the landscape is regained beyond our limited everyday perceptions.

...floors become walls, walls become ceilings, facades roofs ... everything is continuous, everything is travellable, walkable, usable. manipulable, ...

References / 참조

1. mina tatam cultural centre, Muro de Alcoy / mina tatam 문화적인 중심, Muro De Alcoy
2. new isla chica urban centre, Huelva / 새로운 isla chica 도시의 중심, Huelva
3. salamandra seawater therapy centre, Gijón / salamandra 해수 치료 중심, Gijón
4. rampant house, Almeria / 경사진 집, Almeria
5. layout at Puerta Tierra, Cadiz / Puerta 티에라, Cadiz에서의 배치
6. Luarca del Rio, Asturias / Luarca 파견위원 리오, Asturias

Projects: grupo aranea / 프로젝트 : grupo aranea

Drawings and photographs: francisco leiva / 도면과 사진 : francisco leiva

[d.1.2]
instrumentos de Pisada

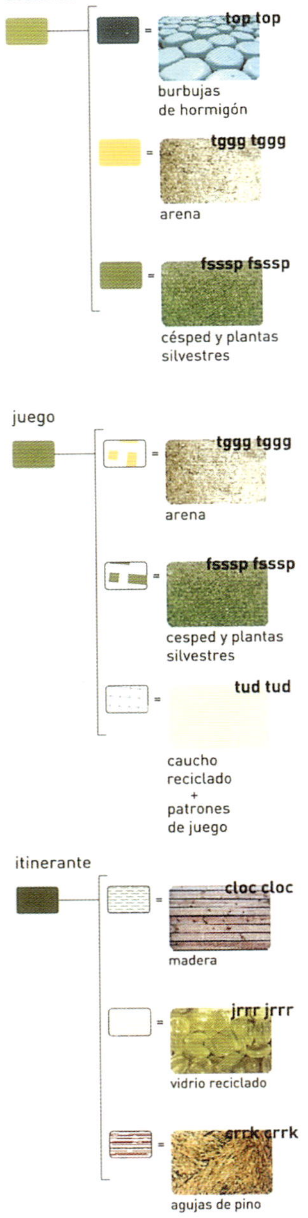

[d.1.3]
instrumentos de viento

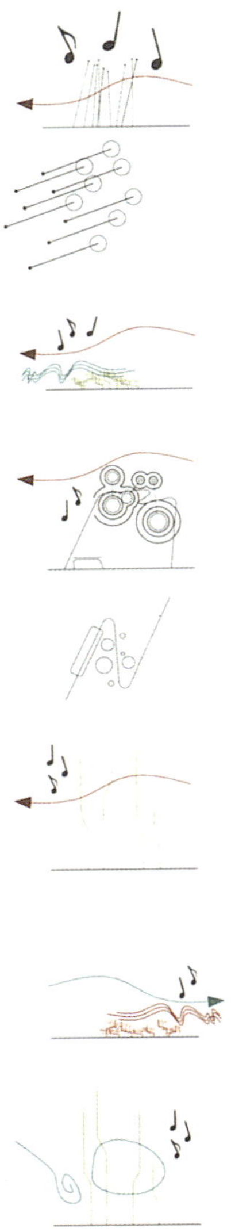

꼬마요정

인간의 인류학 역사에서 보면(모든 사람들이 아마추어 인류학자가 아닐까?) 우리는 "이상한 땅"을 발견했을 때마다 과학적인 기록으로 옮기지는 않았다. 과학자들은 보편적으로 공개된 진리가 아닌 것에 대해서는 관심을 갖지 않는다는 것은 분명한 사실이다. 이 논문은 우리가 발견한 땅에서 관찰되는 지형의 작은 수집품에 대하여 이야기 하고 있다.
우리가 "작은 수집품"이란 단어를 쓰는 이유는 그 곳에는 우리가 생각하는 것 보다 훨씬 더 많은 것들이 남아있다는 것을 알고 있기 때문이다(물론 자연은 단 한가지만 집중적으로 개발하며 나머지 것들은 모두 버리게 되지만). 우리는 이것들이 "Èlites"나 "closed shops"이 아니라는 것은 알고 있다.
이것들의 공통점을 한 가지 든다면 이들은 새로운 것을 창조해내기 때문에 이 지형을 사용하는 사람들을 주인공으로 만들어 준다는 것이다.
더 손쉽게…

Pixies

In all our years of anthropological work (is there anyone who is not an amateur anthropologist?) we had never had such an opportunity to pass into the annals of science as when we discovered these 'strange lands'. It is fairly true that scientists seek to pass unnoticed as eagerly as they desire to be published in all the scientific journals.
This paper presents a small collection of landscape trades that may be found in the land we have discovered. We say 'a small collection' because many more have undoubtedly been being created and developed without our knowledge and/or consent (after all, it is in their nature to foster the one and forget the other completely). So far as we can ascertain, these trades are far from being 'Èlites' or 'closed shops'. If there is one feature they all share it is the they in turn create new trades, making the users of the landscape the protagonists.
Without further ado:

[d.1.1]

e 1:2000

직업 설명서
Job descriptions

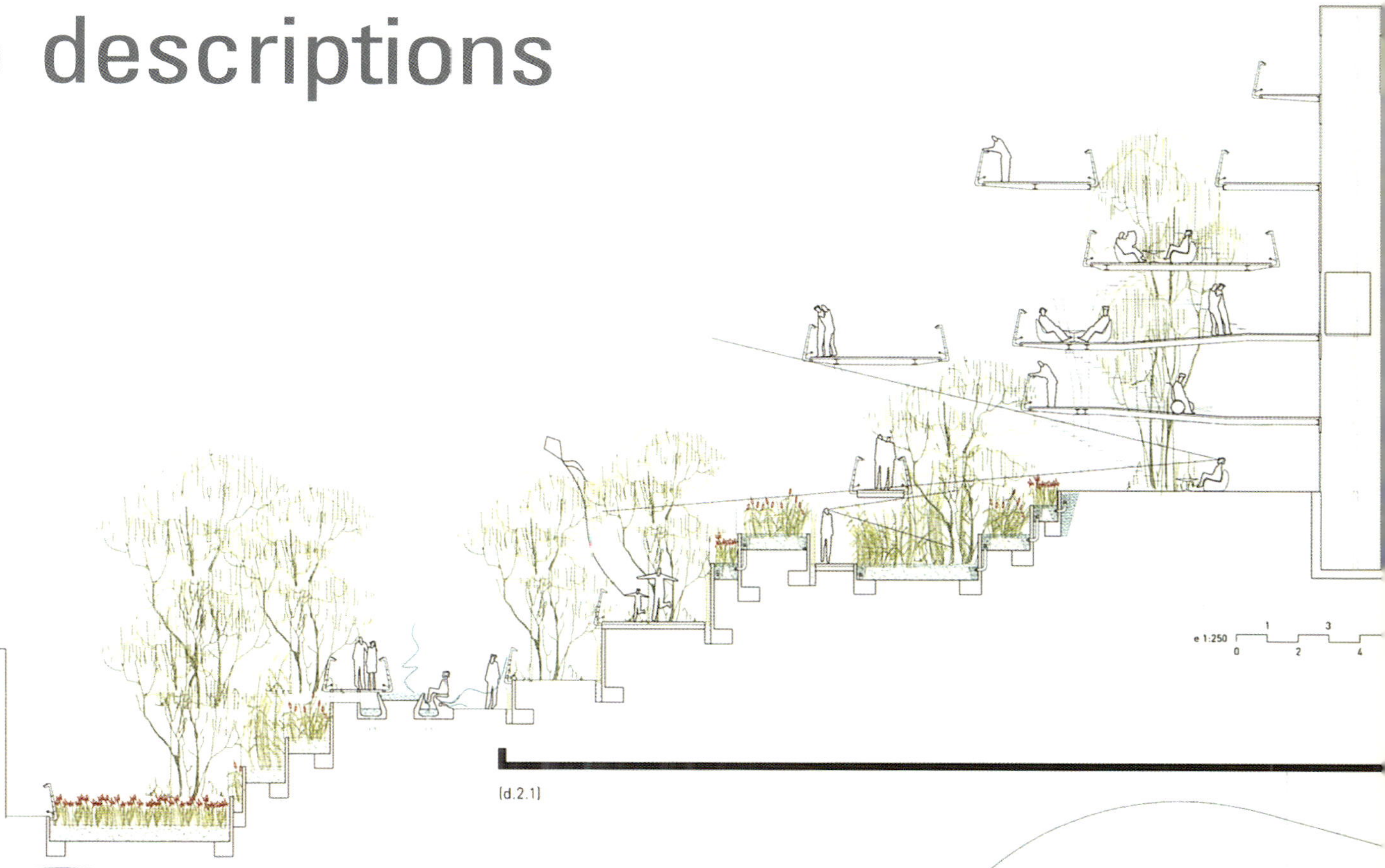

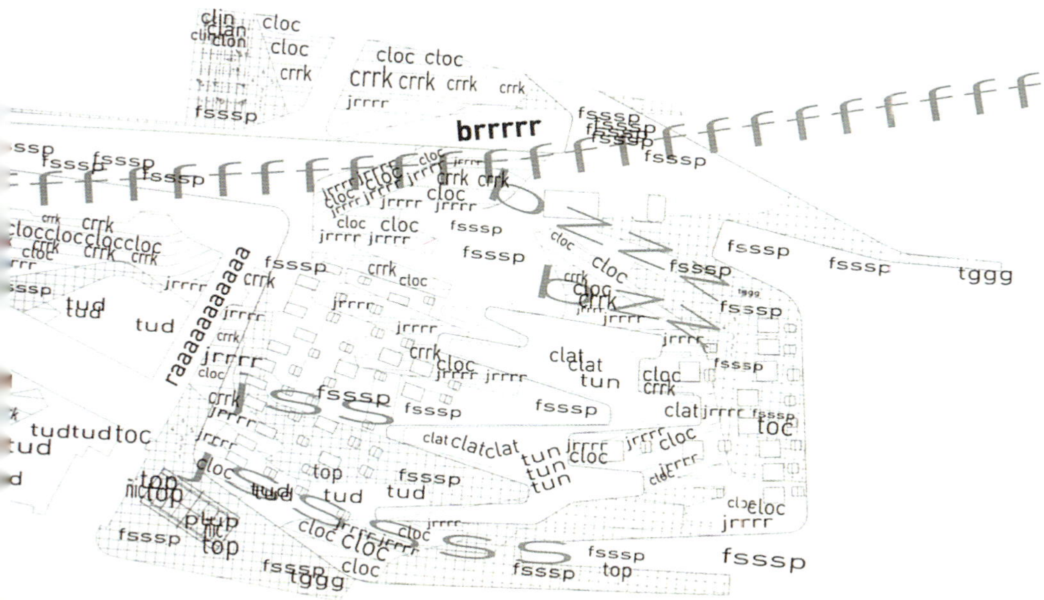

1. 지형 음악가

이러한 특징들은 Solar Lagoon의 특정 지역인 음악섬(d.1.1)에 살고 있다. 이 호기심을 자극하는 신비로운 섬은 크게 노력하지 않아도 쉽게 찾을 수 있다.

그 장소는 사람들에게 알려지기를 원하고 있지만, 매우 소극적인 장소이기도 하다. 이것은 역설이 아니다.
그들은 멜로디를 창조해내기 위해 다양한 도구를 이용한다.
'발자국'. 섬 전체에 흩뿌려진 이 도구(d.1.2)들은 재료에 따라 서로 다른 소리들을 만들어낸다.

-탑 탑 (콘크리트안의 거품)
-츠으으으으 츠으으으으 (모래)
-프스스스 프스스스 (잔디)
-투우우우드 투우우우드 (고무)
-클럭 클럭 클럭 (나무)
-흐흐흐흐 흐흐흐 (재활용 유리)
-크르릌 크르릌 (솔방울)

바람이라는 도구(d.1.3), 그것이 만들어내는 소리는 계절에 따라 다르다. 그들이 전략적으로 선택한 어떤 지역에서는 겨울철에는 겨울바람에 의해, 여름철에는 여름 바람이라는 도구에 의한 연주가 이루어진다.

음악섬에 거주하는 어떤 연주자들은 '경관음악가'라고 불리기도 하나, 사실 이 섬의 거주자들은 모두 이 범주에 속한다. 방문객의 경우도 동일한 마찬가지라고 말할 수 있겠다. 여기 사는 모두가 음악가라는 것은 참으로 멋진 일이다.

1. LANDSCAPE MUSICIANS

These characters inhabit the Musical Island (d.1.1), located at some point in the solar Lagoon. The only way to find this curious island is ti not try too hard: while it would like to make itself known as a place, it is very shy; this is not a paradox.
They use various instruments to create melodies.
'Stepping' instruments (d.1.2), scattered throughout the island, produce different sounds depending on their materials. texture and degree of dispersion:

-TOP TOP! (bubbles in concrete)
-TGGG TGGG! (sand)
-FSSSP! FSSSP! (lawn)
-TOOD TOOD! (rubber)
-CLOK CLOK! (wood)
-HRRR HRRR! (recycled glass)
-CRRK CRRK! (pine needles)

Wind instruments (d.1.3): the sound they make depends on the time of year. Winter instruments are played by the summer breeze, as they are strategically placed by the winter winds and summer instruments by the summer breeze, as they are strategically placed at certain points.
Although certain inhabitants of the Musical Island are known as 'landscape musicians', in fact all island's inhabitants belong to this category. The same may be said of the visitors.
It is a relief to know that everyone here is a musician.

2. 물을 만들어내는 사람

물을 생산해내는 Sharkskin 지역의 남동쪽에 있는 산에 사는 사람들이 있다. 그들의 직업은 산자락에 있는 수원지에 있는 물을 수집하고 더 건조한 지역으로 운반하는 것이다.

시간이 지나감에 따라 땅에서 솟아나오는 거품을 볼 수 있을 것이다. 그 거품들은 점차 부풀어 오르기 시작한다. 그것이 숙성되면 물 긷는 사람은 그것을 집어낸다. 이 과일을 생산하기 위해서는 먼저 물이 다양한 미생물이 자라는 산자락에서부터 내려와야 한다.

오염물들이 물에 떠내려 오기 전까지는 Solar Lagoon과 WATER GARDEN에는 수생식물이 자라고 있어 물을 정화시키고 있었다. 마지막에는 들판의 관개수로 사용하였다.
그들이 말하길 그에 많은 여행 중에 PESSOA는 얇은 시집 3개를 물을 생산하는 이 산에 대하여 썼다. 하지만 그것들이 공식적으로 출판된 적은 없다.

2. WATER GROWERS

Inhabitants of the Mountain that Produces Water (d.2.1), south-east of the Sharkskin Region. Their job is to harvest the water that grows in the water fields at the foot of the mountain and carry it to the driers. As the days pass one can see bubbles that emerge from the ground gradually swelling. When they are ripe, the water growers pick them. to produce this fruit, the water has first had to come down the mountainside, various macrophyte plants grow, acting as natural treatment plants for the city's rainwater and sewage.
These trap the pollutants before the water flow into the Solar Lagoon and the Water Garden, where aquatic plants are grown to help keep it clean. Finally, the water irrigates the fields. They say that during one of his many journeys, Pessoa wrote three slim volumes of poetry on the mountain that produces water, each by a different alter ego. They were never officially published.

3. 바람 정원사

그들은 뜨거운 분연구가 발견되는 언덕인 Solar Lagoon과 Water garden의 북쪽인 동시에 물을 생산하는 산의 남쪽지역인 Sharkin에 산다. 그들 자신에 말하기를 좋아하듯 계절풍과 계곡에서 만들어지는 산들바람을 이용하여 그들은 강에 산들바람과 조용하고 부드러운 바람을 만들어낸다.

그들은 토지의 형태를 이용하여 바람을 만들어낸다. 예를 들어 햇빛의 다양한 각도에 따라 만들어지는 산들바람은 산의 경사를 따라 낮 동안 만들어진다(d.3.1).
햇빛의 경로를 따라 매일 나타나는 온도차는 공기층의 흐름을 만들어낸다. 식물과 다양한 각도로 세워진 건물 덕택에 그들은 도시의 역할을 상어껍질처럼 거칠게 만들었다.

3. WIND GARDENERS

They live in the Sharkskin Region, where the Hill of the Thermal Chimneys is also to be found, south of the Mountain that produces Water and north of the Solar Lagoon and the Water Garden. As they themselves like to say, they produce rivers of breezes, ponds of calm and sponges of wind by cultivating and moulding the seasonal winds and the valley-mountain breezes.
They use the shape of the landscape to do this, taking advantage of the breezes caused by variations in the angle of the sunlight falling on a sloping surface throughout the day (d.3.1). Following the sun's path, the daily thermal differential generates a flow of air. Aided by the vegetation and the arrangement of various strategically-sited building, they manage to make the city function

like a shark's skin: in one direction it allows the summer breezes to flow through, caressing and cooling the landscape; in the other, escalesi and absorbent vegetation stand in the path of the winter wind (d.3.2).

These professionals also work in the wood of the Wind Chimneys, in the same region (d.3.3). They create wind inside spaces by funnelling the air through tower of suitable height, volume and orientation. This wind carries no dust because it comes from the upper layers of the atmosphere.

When no wind is blowing, differential pressure is created by an interior courtyard and the towers suck air from the building. If there is no breeze the chimneys create it. Why not? (d.3.4).

This is a perfect place to write a haiku in the company of one's nearest and dearest.

The spring has arrived. On your aged visages.

The wind is a blowing

4. SOLAR GATHERERS

They are proud of being the ones to provide the city with heat. They use a glass chamber that contains an aluminium structure. This allows the sky to be seen while it captures solar energy. The energy is transmitted to the Solar Lagoon, Where the captured feat is accumulated, and is then used to heat water and for radiant floor heating (d.4.1). When famous people want to disappear from public life (whether by faking their own death or just vanishing), their destination par excellence is the Solar Lagoon.

5. SEASONAL PERFUMERS

The most entertaining thing about the seasonal perfumers (who live on the Fragrant Island in the Water Garden, to the east of the Sharkskin Region) is that they turn the entire population into 'seasonal scenters' or 'olfactory meteorologists' who can predict the weather from the aromas they detect. The aromas of the entire region come from this place. from the island's gardens. These are strategically placed so that when the weather is turning warm a lemony scent rise from the aromatic plants placed in the path of the summer breezes and floats in the air. During cold weather, however, the scent from the aromatic plants sited in the path of the winter winds (d.5.1) is sweet and fruity, and the children say that this is the smell of the Christmas trees.

6. COMPULSIVE RECYCLERS

They are everywhere. They can be recognised by their passion for filling spaces with objects created from others that have fallen into disuse. Lately they have been seen making a lamp out of:

- 1 tube of thick cardboard (from some drawing sent by mail)
- 1 long rectangular piece of translucent plastic or parchment
- 1 paper clip
- Electrical components (from some surplus appliance)

The worst (and best) thing about these people is that when something is no longer useful to them and they throw it out, they immediately pick it up again and turn it into something new.

한 방향으로 그것은 지형은 식혀줌으로써 여름에 산들바람을 불도록 만든다. 다른 방법으로는 겨울바람이 지나는 행로를 따라 식물을 배치시켜준다(d.3.2).

이러한 전문적인 일들은 역시 같은 지역의 바람굴뚝의 숲에서도 일어난다(d.3.3). 그들은 적절한 높이, 부피, 방향의 타워에 공기를 통하게 함으로써 바람을 만들어낸다.

바람은 먼지가 수반되지 않는다. 왜냐하면 그것은 대기의 위층에서부터 불어오기 때문이다.

바람이 불지 않을 때에는 안쪽 마당과 건물의 송풍타워의 공기가 다른 기압을 나타낸다. 만약 산들바람이 불지 않는다면 굴뚝이 바람을 만든다.
하지만 왜 안불까(d.3.4)? 이것은 가장 친하고 가장 사랑하는 사람들에게 시를 쓰기위한 이상적인 장소이다.
봄이 왔다. 너의 늙은 얼굴에 바람이 분다.

4. 햇빛을 모으는 사람들

그들은 도시에 열을 제공하는 존재라는 점에 자부심을 느낀다.
그들은 알루미늄 구조를 포함하는 유리방을 사용한다. 이것은 그것이 태양에너지를 모으는 동안에 하늘을 볼 수 있게 한다.
이 에너지는 모아진 열이 보관되어 있는 Solar Lagoon으로 운반된다. 그런 다음 그것은 물과 바닥을 데우는데 사용된다(d.4.1).
유명한 사람이 자신의 대중적인 삶에서 탈피하고자 할 때 그들의 최고의 목적지는 Solar Lagoon이다.

5. 계절의 향수 제조자

각 계절별로 향수를 만드는 사람의 가장 흥미로운 점은,
그들이 전체의 인구를 후각적 기상학자들- 그들이 맡는 향에서 날씨를 예상할 수 있는 사람- 로 만든다는 점이다.
지역 전체의 향은 정원 섬(island Garden)에서 전해온다.
이 정원들은 날씨가 따뜻해지면 여름의 산들바람의 이동로에 위치한 향기로운 식물로부터 레몬향이 나도록 전략적으로 배치되어 있다.
추운 겨울동안에는, 향기로운 식물들을 겨울바람이 부는 길에 놓아 향이 나도록 한다(d.5.1).
이 향은 달콤한 과일향이 나며 아이들이 말하기론 크리스마스트리의 냄새를 맡는 것 같다고 한다.

6. 강제로 재활용하는 자

어디에나 그들이 있다. 그들은 다른 사람들이 쓰다 버린 물건들로 공간을 채우는 데에 대한 열정으로 알려져 있다. 최근에 그들은 다음과 같은 것들로 럼프를 만들었다.

- 하나의 두꺼운 판지(사람들이 쓰다 버린 우유 상자)
- 하나의 긴 직사각형모양의 반투명한 플라스틱 또는 양피지
- 하나의 종이집게
- 전기 관련부품(여분의 기구로부터의)

이러한 부류 사람들의 최악의 경우(가장 나쁜 성향)는 더 이상 물건이 쓸모없다고 느껴 그것을 던져버릴 때, 그들은 다시 그것을 새로운 무엇인가로 바꾸기 위해 집어든다는 것이다.

(d.3.1)

brisas valle-montaña

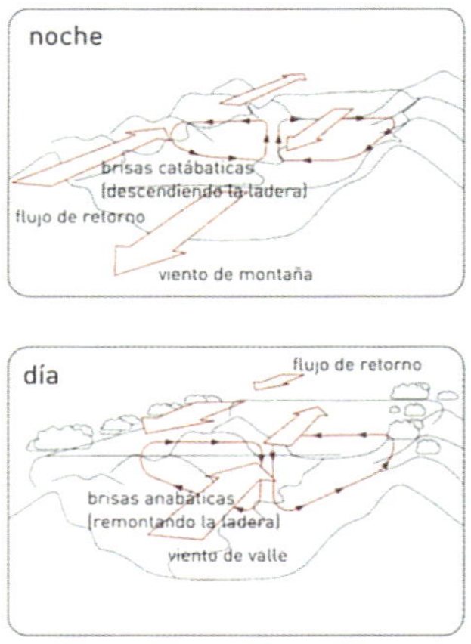

(d.3.2)

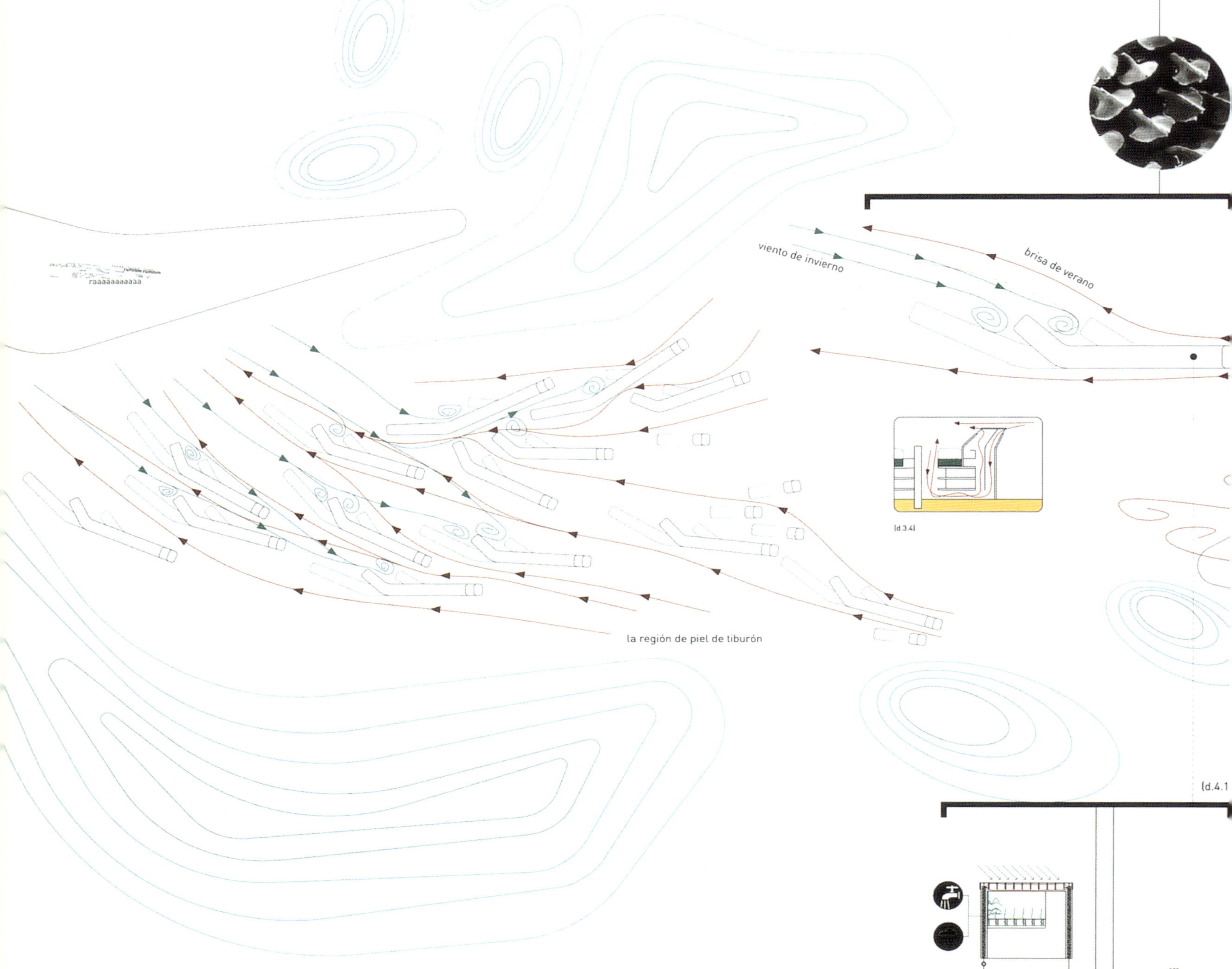

(d.3.4)

(d.3.3)

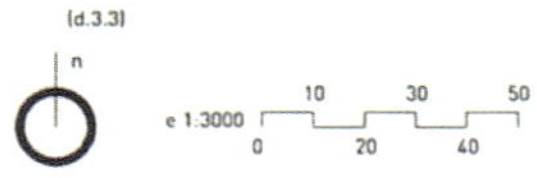

(d.4.1

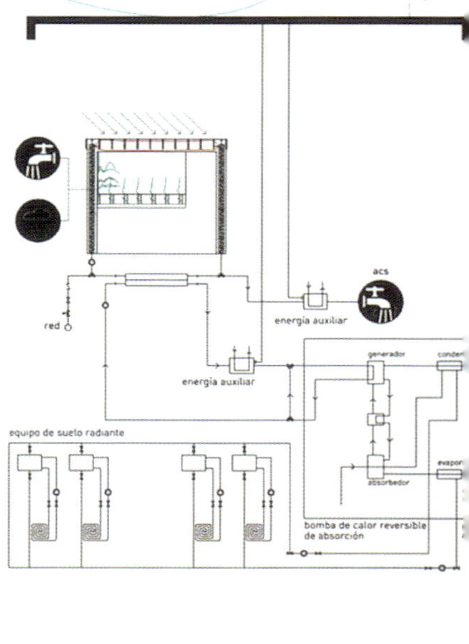

7. SOLAR COOKS

People of nomadic bent who cross desert regions using various contrivances they have made themselves to get water where there is none and cook an assortment of foods with the help of the sun.
Theirs are the:

-transportable solar puddle
-solar cooker
-tyre cooker (d.7.1)

One can only presume that many such trades exist in the land we have discovered. If there is one thing that a researcher simultaneously loves and hates it is a dynamic system that does not stop growing and changing (as is the case here). One loves it because one's curiosity is never satisfied. One hates is because one's curiosity is never satisfied.
After all this, one cannot help asking yet again what one is going to do with one's life. Whatever the answer, the neighbours are not going to stop arguing.

7. 태양의 요리사

아무 것도 없는데서 물을 구하기 위해 그들 자신이 만든 다양한 고안품을 사용하는 사막을 유람하는 사람들은 음식을 만들 때 햇빛의 도움을 받는다.

- 이동할 수 있는 태양의 물 웅덩이
- 태양의 요리사
- 지루함을 요리하는 요리사

우리가 발견한 땅에서 많은 거래가 이루어지고 있다고 상상할 수 있다. 만약 조사자가 사랑과 미움을 동시에 하는 오직 하나가 있다면, 그것은 계속 변화하고 성장하는 역동적인 체계일 것이다(이곳의 사례처럼).
한 사람이 그것을 사랑하는 것은 그 사람의 호기심이 결코 충족되지 않았기 때문이다. 또 한 사람이 그것을 싫어하는 것도 그 사람의 호기심이 결코 충족되지 않았기 때문이다.

당연히 사람들은 그들의 삶에서 무엇을 해야 할 것인가를 계속 자문할 것이다. 어떤 답이 나오든 이웃과의 논쟁은 계속될 것이다.

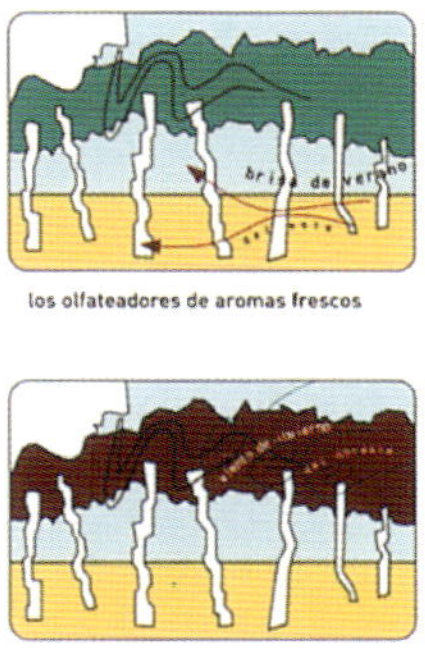
los olfateadores de aromas frescos

los olfateadores de aromas cálidos

[d.5.1]

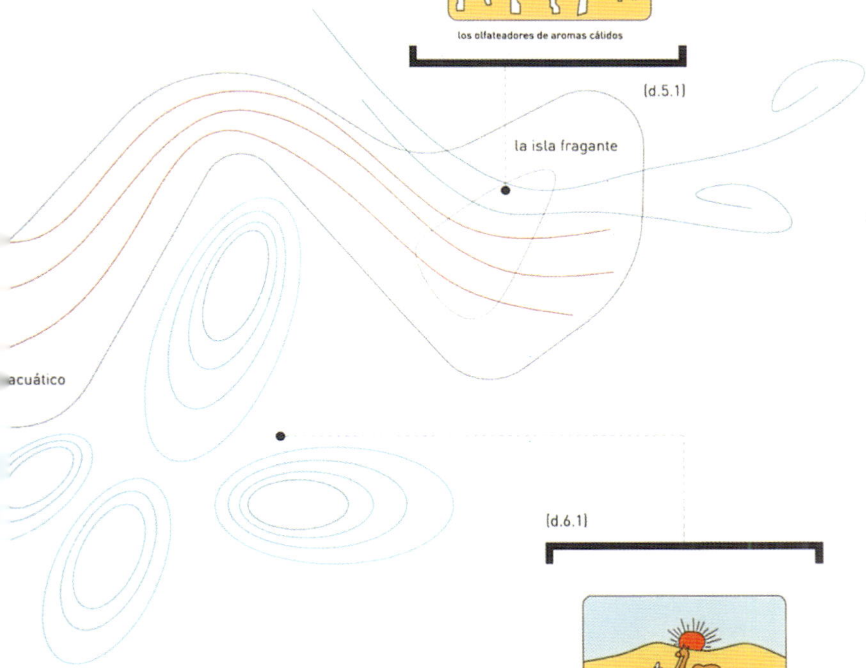

[d.7.1]

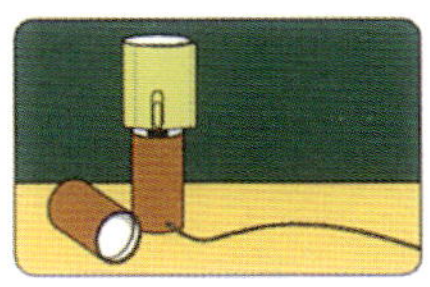

[d.6.1]

모든 일러스트레이션은 모니카 Garcia Fernandez와 Javier Rubio Montero 옆에 있다.
그들의 출처는 다음과 같다.
(d.1.1.), (d.1.2.), (d.1.3.), (d.5.1.): Cadiz(일위)의 철로 복도의 도시 가장자리를 위한 생각 경쟁
(d.2.1.): El Coso 개방된 장소, Cehegin(Murcia 도 frist 상)을 위한 생각 경쟁
(d.3.1.), (d.3.2.), (d.3.3), (d.3.4.): Murcia의 하우징 경쟁
(d.4.1.): "공동순간 crear y contar historias" [층을 만들고, 말하는 방법] 프로젝트 일위 iGuzzini-pasajes의 단편으로부터 태양의 수집기를 위한 부재 설치 그림
(d.6.1.): Suresh Vaidyarajan에 의해 디자인된 타이어 조리기
(d.7.1.): Post-it-lamp 2PM 회사에 의해 디자인된다.

All the illustrations are by Monica Garcia Fernandez and Javier Rubio Montero.
Their sources are:
(d.1.1.), (d.1.2.), (d.1.3.), (d.5.1.): Ideas competition for the urban edge of the railway corridor in Cadiz (First prize)
(d.2.1.): Ideas competition for El Coso public space, Cehegin (Murcia province frist prize)
(d.3.1.), (d.3.2.), (d.3.3), (d.3.4.): Housing competition in Murcia
(d.4.1.): Installation diagram for solar collectors, from a fragment of the "Como crear y contar historias" [How to create and tell stories] project first prize iGuzzini-pasajes
(d.6.1.): Tyre Cooker designed by Suresh Vaidyarajan
(d.7.1.): Post-it-lamp designed by 2PM Ltd

"산 레오나르도"

경도 7"15'29W 위도 38"22'50N

+++ 스페인과 포르투갈의 국경선

지도책에는 항상 배울 것이 많다. 각 나라들은 색으로 구별되어 있고 바다는 파란색으로 단일화되어 있다. 그리고 산지 등의 지형은 색의 명암으로 구분이 가능하다.
몇 개의 국경선은 아주 정확하게 기하이론적인 지형처럼 수천 마일이 곧은 선으로 그어져 있다. 예를 들어 북아메리카 대륙을 가로지르는 중간에 있는 강이나 산까지 평평하게 만드는 토머스 테퍼슨의 '일 마일 격자선'(지도책에서 1 마일이나 차지한다)이 있다. 그러나 대부분의 나라는 굽어진 선들에 의해 경계 지어지며 산이나 강 등의 굴곡을 평평하게 이어주는 땅을 상상할 수 있다. 인구나 정치적 대면관계, 그리고 경제적 갈등의 긴장관계가 다 드러나 보인다.
세계에는 극소수의 사람들이 사는 나라가 얼마나 많은지 알 수 있다. 그것의 숫자는 무한정으로 다양해질 수 있으며, 국경선은 대단히 유동적이다. 그것은 변하고, 더 작은 단위들로 나누어진다. 유럽연합(EU)이 만들어진 이후, 우리 마음에서 국경선의 의미는 더 희미해졌으며 추상적으로 바뀔 것이다. 국경선은 경제적, 정치적 문제 또는 사람이나 상품의 이동에 좌우될 것이다.

이러한 조건들은 또한 국경선에 변동을 가져온다. 스페인이 어디서 끝나나? 피레네의 정상에서? 아프리카의 해변의 어떤 곳에서? 이중차선의 어느 곳에선가? EU로 통합한 스페인은 EU 25인가? EU 30인가? EU 15인가? 아니면 그것의 언어나 정치적 요구에 따라 지도가 달라지는 건 아닐까? 이러한 문맥에서 국경선은 무슨 의미를 갖고 있는가? 어떤 기호들이 국경선을 구성하는가? 그것은 어떻게 구체화되는가?

It is always very instructive to look at an atlas. There are colours to distinguish the countries, the sea is a uniform blue and the view of the spherical planet is more or less deformed by the flattened-out simplification.
Some frontiers are rigidly, academically geometrical, perfectly straight lines for thousands of miles, like Thomas jefferson`s 'one-mile grid' over the entire North American continent, unbending even when a mountain or a river stands in its path. However, the borders of most countries follow curving lines and we can imagine the ground rising and falling, tensions between their populations, political confrontations or the traces of economic conflicts.

Few people know how many countries there are in the world. Their number varies. Frontiers are flexible: they shift, divide, split into smaller units.
Since the creation of the European Union, in our environs the image of a border has become even more abstract. The borders are different depending on whether the issue is economic, political or the movement of persons or of goods.

These conditions give a certain waviness to the confines. Where does Spain end? At the top of the Pyrenees, at some point on the coast, in Africa, or at the end of the dual carriageway? Are the borders those of unified Spain, of the Iberian peninsula, of the EU-15, EU-25 or EU-30? Or are they not rather those of its provinces, the map of its languages or political demands? In this context, what meaning does the border have? What signs constitute the border? How does it materialize?

1

1. Villanueva border post Spain / Villanueva 국경초소, 스페인
2. Sao Leonardo broder post Portugal / Sao Leonardo 국경초소, 포르투갈

"Sao Leonardo"

longitude 7"15'29W latitude 38"22'50N

+++ spanish-portuguese border

> DELIMITING THE TERRITORY

When the Romans built a new town, the first thing they did was to plough a furrow around its perimeter and specify its gates and main thoroughfares. In the same way, delimiting the territory of a country is a founding act. It establishes the volume of its economic, cultural and numerical wealth. It heightens its power and defines its spheres of influence.

The border traces a space of entry into the country. It embodies patriotic values, imposes an image of the nation and symbolizes its identity. The lines on the map do not always coincide with the reality on the ground because some disputed are left in suspense, waiting for an agreement. Frontiers must be ratified by other countries to ensure a certain of stability in the area.

>MARKING THE LANDSCAPE

The outline of frontiers follows two main lines of logic: artificial and natural.
Valleys, rivers, oceans or crest lines are the most obvious limits. The morphology of the terrain in itself sets up barriers. Each country then establishes itself on one side of the limits. Even so, the line of some natural frontiers is not so clear. What happens when they reach the sea? Where exactly does the border lie? The division between territorial waters is abstract: between La Linea and Gibraltar it is only a series of weightless yellow buoys floating a few hundred meters off the coast.
Artificial borders are scarcely less ambiguous. They consist of broken-down fences, huts somewhere on a mountain, spot-lit enclosures with sentry boxes guarding lines of barbed wire, flags on a craggy peck. however, a few works of architecture stand out because of their visual impact, such as the Great Wall of China, with its landscape of thousands of kilometers of different topographies, the Berlin wall, where its removal has still not managed to erase the years of separation between East and West, or the metre high West Bank wall now being built to isolate the Palestinians.
Some borders, such as those of Canada, are a cartographic line with no relation to the terrain, a simple geometry, a straight line, an abstraction of line

> PERCEIVING THE FRONTIER

Spatially, there are two ways to apprehend a frontier: points and lines. One is morphologically continuous, perceived as a single mark. The other is a set of moments, of signs or an accumulation of signs as the border is crossed. The boundary is apprehended subjectively.

> 영토 한계 정하기

로마사람들이 새로운 도시를 건설할 때, 가장 먼저 하는 것은 주변에 경작하기 위한 농지를 확보하는 것과 도로와 입구를 지정하는 것이다.
같은 방식으로 한 나라의 영토 한계를 정하는 것은 기초적인 작업이다. 그것은 경제나 문화적인, 그리고 수많은 부의 기초를 확립시키는 작업이다. 그런 작업은 도시의 경쟁력을 높이고 도시의 영향권의 반경을 정의하는 것이다.

국경선은 나라의 입구공간을 둘러싼다. 그것은 애국자적인 가치를 구체화하고 그 나라의 정체성을 상징한다. 지도에 그려진 선들은 실제 토지 위에서의 실제상황과 항상 일치하는 것은 아니다.
왜냐하면 여러 논의 중인 영역 한계들이 아직 정해지지 않은 상태로 남아있기 때문이다. 국경선이 어느 정도의 안정성을 유지하기 위해서는 비준되어야만 한다.

> 지면에 표시하기

국경선의 대략적인 경계는 2개의 중심선을 따르고 있다 : 인공적인 것과 자연적인 것.
계곡, 강, 바다 또는 산 정상은 가장 뚜렷한 경계선이다. 영역의 형태학은 스스로 장벽을 만든다. 각각의 나라는 이러한 한계선을 바탕으로 경계선을 확정시킨다. 그럼에도 불구하고 몇 개의 자연발생의 국경선들은 명확하지 않은 경우가 있다. 국경선이 바다까지 미치게 된다면 어떻게 해야 하지? 정확한 경계선은 어디에 있는 것일까?
공해를 구분하는 선은 대단히 추상적이다 : 단순히 La Linea와 지브롤터(지브롤터 해협) 사이에, 해안선에서 백 미터 정도 떨어져서 떠있는 무게가 없는 노란 부표일 뿐이다.

인공적인 경계선은 비교적 덜 애매하다. 인공적 경계선은 어떤 울타리가 기준이 될 수도 있고 또는 산 어딘가에 있는 오두막이 될 수도 있다.
그러나 그들의 시각적인 영향력 때문에 소수의 건축물들만 돋보이기 마련이다.
수천 km에 달하는 지형을 덮고 있는 중국의 만리장성이나, 그 제거가 아직도 진행되지 않아 동쪽과 서쪽이 격리되고 있는 독일의 베르린 장벽 또는 지금도 건설되고 있는 요르단강 서쪽 제방 뚝은 팔레스타인 사람을 고립시키는 것들이 바로 그 예이다.

그러나 캐나다의 국경선과 같은 경계는 그 지역의 지형지세 등 실제지역과는 관계없는 단순한 기하학, 직선, 추상적인 선으로 지도제작상의 선일 뿐이다.

> 국경선 파악하기

공간적으로 경계선을 파악하기 위한 방법에는 두 가지로 점과 선이 바로 그것이다.
하나는 그것을 단일기호로 이해하며 형태학적인 지속성을 보는 것이고 다른 하나는 경계선 기호의 누적을 시간적으로 살피는 것이다. 경계선은 개인에 따라 주관적으로 파악되고 이해된다.

2

차도를 이용하면 곧바로 스페인을 통해 포르투갈까지 갈 수 있다. 이것이 가능하다는 것은 더 이상 입증할 필요도 없다. 국경선 푯말은 매우 낡았다. 관습 푯말은 국경선이 아니다. 오로지 소수의 경계선 푯말이 사람들에 의해 관리되기는 하지만 더 이상 사람들은 이곳에 차를 멈추지 않는다.
그렇다면 이제 한 나라에서 다른 나라로까지 가는데 지금 무슨 표시가 되어있을까?
어디에서 스페인을 떠나야 하나요?

point
가장 먼저 느끼는 것은 도로표지가 다르다는 것이다. 표지판에 쓰인 글자를 보게 되면, 더 이상 스페인어가 아니라는 것이다. 또 E 90은 더 이상 NV가 아니어서 사용되는 언어가 확연히 달라진 것을 느끼게 한다. 급격하게 늘어난 지점들은 더 많은 정보를 전달한다. 새로운 교통법규가 제정되고 새로운 공간의 지명과 중심도시들이 도로표지에 나타날 때 국경선은 사람들의 관심에서부터 멀어져 있다.
교차하고 있는 경계는 점 한 쌍, 경계 기둥 또는 두 개 이상, 각각의 외관, 하나의 건물형태 등에 의해 묘사된다.

선
가능한 또 다른 접근방법은, 그것이 풍경일수도 건축일수도 있으나 정면으로 얼굴을 마주하는 것이다.
정면으로 보이는 선은 그 존재를 드러내며 분명한 경계표시를 지속시켜준다. 그 선들은 문에서, 현관에서, 다리에서 틈을 통해 교차된다. 하나가 접근하게 되면 선은 사라진다.

점선
비록 점들에 의해 구성되어 있지만 가장 연속적인 선은 경계에 있는 돌들이다. 뚜렷한 자연적 경계선이 없다면 100m 마다 아니면 얼마만큼 마다 번호가 매겨진 돌들로 나라간의 실제 국경선을 표시한다. 이것은 작은 구멍이 많긴 하지만 틀림없는 선이다.

> 도시화와 대지지형
관용 푯말은 대지지형과 경계선과의 관계를 고려하여 다른 곳에 위치시킬 수 있다. 그것들은 주로 따로 떨어져 있지만, 보통 대부분은 비록 출구에 놓이긴 하지만 도시나 마을에 붙어있다.

높이
고대 도시에서는 공격할 가능성이 있는 적의 침략을 살피고 경계를 방어하기 위해 높이가 맞추어져 세워졌다. 가장 명백한 예는 그들 각각의 높이에서 수 킬로미터 떨어진 스페인과 포르투갈의 성들이 서로 마주보면서 동쪽 경계를 따라 있는 것이다.

양쪽
산악지역, 특히 피레네 산맥에서는 각자의 관습 표식이 산 정상에서부터 나누어진다. 그것의 경계의 확장에서부터 열린 계곡으로까지.

나란히 서 있기
최근 몇 십 년간 새롭게 지어지는 도시와 마을의 증가로 이웃국가들 사이의 무역과 교류의 기회가 많아졌다. 은행의 모습, 외화환전소, 슈퍼마켓, 기념품 가게, 호텔 그리고 고급품들을 파는 가게 등이 모든 이 지역에 분포되어 있다. 일례로, 2개의 철도역이 단 몇 백 미터만을 사이에 두고 위치하고 있다.

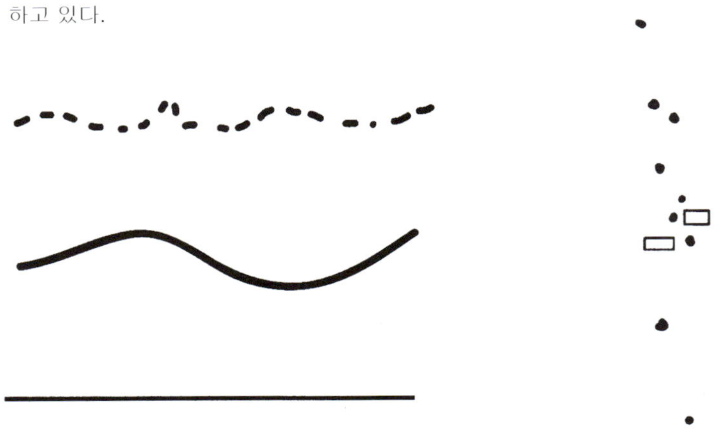

By road, though Spain, one can reach Portugal without stopping. It is no longer necessary to show proof of identity or count the bottles of wine in the boot. The border post is antiquated, the customs post is no frontier, the road carries on. Only a few border posts, at the points with most traffic, are still manned, but it is longer usual to be stopped. 3
So what now marks the crossing from one country to another? Where does one leave Spain?

POINTS.
The first thing one notices is that the road signs are different. As one approaches them one sees that the letter on the milestones is no longer E for Espana, the E90 is no longer also the NV, the language is different or placed above the Spanish and political graffiti correct some of the words on the signs. An increasingly rapid succession of points bring ever denser and new place names and other main cities appear on the signs, the frontier has been left behind. The border crossing is represented by a pair of points, a border post, or rather two, facing each other or sharing a singly building.

LINE.
Another possible approach is to come face to face with a front, which can be landscape or architectural. The linear facade asserts its presence, it is a continuity that clearly marks the boundary. It is crossed though a door, a portico, by a bridge, though a fissure. As one approaches, the line disappears.

DOTTED LINE.
Even if is composed of points, the most continuous line is the boundary stones. Every 100 m or so, unless there is a clear natural boundary, the numbered stones mark the country's real border. It is a porous precise line.

> URBANISM AND LANDSCAPE
Customs posts can sited differently in relation to the landscape and the border. They are something isolated but are mostly attached to a town or village, although placed at its exit.

HEIGHT.
This is the usual position for ancient towns, to watch for possible enemy attacks and defend the border. The obvious examples are along the eastern border, where Spanish and portuguese castles face each other, a few kilometers apart, speaking to each other from their respective heights.

ON BOTH SIDES.

In mountain areas, particularly in the pyrenees, each customs post is on a different side of the crest line, extending its vigilance down to the open valley.

SIDE BY SIDE.

Recent decades have seen the rise of newly-built towns or villages that seize the opportunities connected with cross-border trade. A landscape of banks, bureaux de change, supermarkets, souvenir shop, hotels and shops selling luxury items spreads over these places. Infrastructure is duplicated a minimum distance apart. In one case, two railway stations are sited only a few hundred metres from each other.

CROSSED.

This is the little-publicized case of town or villages that were there before the border was drawn and have been cut in half by the new frontier. Another strange situation when houses straddle the border, a very advantageous position for smuggling.

NON-EXISTENT.

There are border with no village, no customs post, no roads even, just a single-track path and a few border stones, or sometimes nothing at all, only a line of crosses on a map.

> ARCHITECTURE AND BORDER POST

The border post is the true entrance to a county. It is usually associated with a customs post. It is the first impression one receives on entering a country or the last image on leaving it, so it is usually marked by some powerful symbols, some patriotic iconography. It is still recognisable even if it is empty, in disuse, awaiting rehabilitation, demolition or occasional occupation.
It is distinguished by its symbols: the flag, the shields, the window onto the road, the portico or the crossing with a crank to life the barrier, the inspection booths, the statue glorifying the essence of national virtues, national effigies, and so on.
The architectural language then introduces variations, from a typical house at a short distance from the village to a large modern complex with various buildings, warehouse areas, housing for the customs officials, vast car parks and inspection booths. Typologies are born.
there are attempts to outdo the size of the post on the other sides, a form of assertion. For example, border ports from Franco's times are of impressive size and clad in granite. The Portuguese post opposite is often equally excessive.

> SAO LEONARDO BORDER POST BETWEEN SPAIN AND PORTUGAL.

The case of Sao Leonardo is one example among many. It is on the Spanish-Portuguese border between Mourao and Villanueva del Fresno, where the N256.1 meets the EX 107, about 247 meters above sea level.
The two border posts are customs posts. They are alongside the road, outside the town, about a hundred meters from each other. They present two types of architectural, two different aesthetics. The Spanish post is an ordinary house with a few signs of its role, such as the word 'aduana' [customs] or the flagpole. The portuguese customs post is larger. It has a porch where the cars used to stop at the sign painted on the road, the lorries were weighed and the police checked the passports, as well as a free-standing inspection booth closer to the road. It is completely abandoned and has even been ransacked, everything inside it is falling apart.
A tour of the old border posts, now in disuse, is a route along a frontier that is gradually being erased. The landscape, role and value of there places, these houses and villages, are changing. They are starting to restructure. In a few years, only the marks on the map will remain.

교차

도시나 마을이 조금 알려진 경우에는 새로운 경계선에 의해 반으로 나뉘어졌다. 다른 이상한 상황은 집이 두 경계선을 걸쳐서 밀수입에 대단히 유리하게 위치한다는 것이다.

존재하지 않는 것

마을이나 관습 표식 심지어는 도로가 없이 존재하는 경계가 있다. 단일한 트랙이나 몇 개의 경계바위 혹은 그것조차 아예 없는 경우나 지도상에 선만 그어져 있는 경우도 있다.

> 건축과 경계선 표지

경계선 표지는 한 나라로 들어가는 진짜 입구다. 이것은 주로 관습 표식과 연관되어 있다.
이것은 주로 어떤 나라로 처음 들어가거나 그 나라를 떠날 때 느끼게 되는 가장 큰 인상이다. 그래서 이것은 항상 힘이 있고 상징성이 강하며 애국심이 돋보이는 아이콘으로 표시된다. 이것은 어떤 상황에서도 쉽게 알아 볼 수 있도록 만들어져 있다.
이것은 그 상징성에 의해 구별된다 : 깃발, 방패, 도로 쪽 창문, 현관 또는 울타리를 조절하는 기계, 감시초소, 국가의 가치를 높이는 상징물 등이다.

건축적인 언어는 다양성을 소개한다. 마을이나 거대한 현대적 종합관에서 멀리 떨어져 있는 여러 가지 건물들, 도매 상점지역, 세관 관리, 커다란 주차장. 보다 확실하게 표지가 보이도록 하기 위해 항상 표지판의 크기를 늘이려는 노력이 있기 마련이다.
예를 들어 프랑코 시대의 경계선 표지는 대단히 큰 사이즈의 화강암으로 되어 있었다. 포르투갈 표지의 반대는 가끔 필요이상으로 너무 크다.

> 스페인과 포르투갈의 경계선 산 레오나르도

Sao Leonardo은 다른 많은 사례 중의 하나이다.
이것은 N 256.1이 EX 107이 만나는 해수면 247m 정도 지점의 Mourao와 Villanueva del Fresno 사이인 스페인과 포르투갈의 경계에 있다.
두 경계 표지판은 관행적인 푯말이다. 그것들은 마을 바깥쪽 도로를 따라 설치되어 있으며 서로 수백 미터가 떨어져 있다. 그것은 2가지 종류의 건축과 두 가지의 다른 미학을 제안하고 있다.

스페인식의 푯말은 통상 집의 역할에 대한 몇 가지의 기호, 'Aduana'(관습의 의미)나 상징 깃대라는 말같은 의미를 갖는다. 포르투갈의 관행적인 푯말은 더 크다. 차가 멈추는 곳에 포치가 설치되어 있으며 도로상에 표시가 되어있다. 도로를 막고 화물차의 초과중량을 재고 경찰이 여권을 검사하는 열들은 사라지게 되었다.
그래서 그 시설들은 버려지게 되었고, 약탈당해 내부의 부품이 다 사라져 버린 상태이다.
더 오래된 경계선 표지를 찾아 나서는 것은 현재 상태 -경계선 푯말이 점차 사라져가고 있는 -에서는 쓸모없는 일이다. 주택들과 마을들 그리고 그 장소가 갖는 역할과 가치는 변하고 있다. 그것들은 재구성을 시작하고 있으며, 몇 년 이내에 지도에 있는 표시만 경계선으로 남게 될 것이다.

Photographs : Nicolas Fussler

3. Sao Leonardo broder post Portugal / Sao Leonardo 국경초소, 포르투갈
4. 192 frontier milestone / 192 국경 표석

4

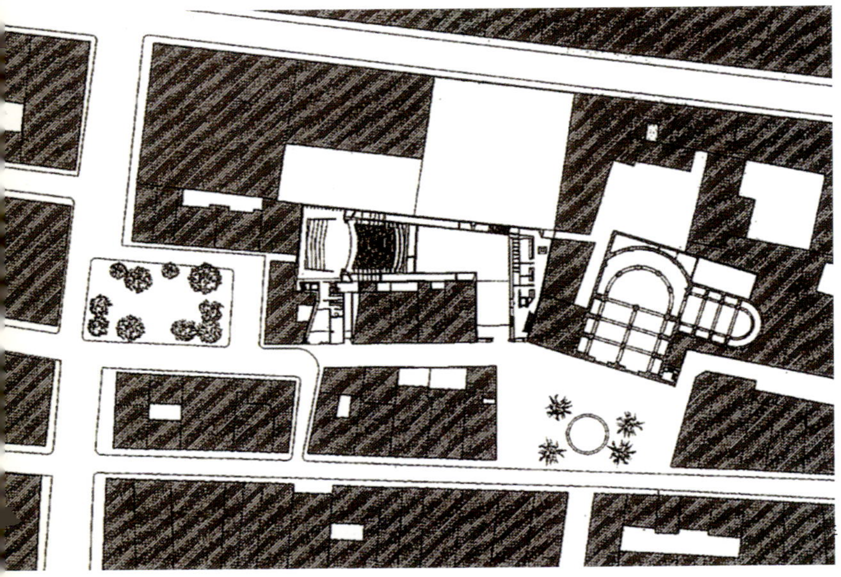

Site plan / 배치도

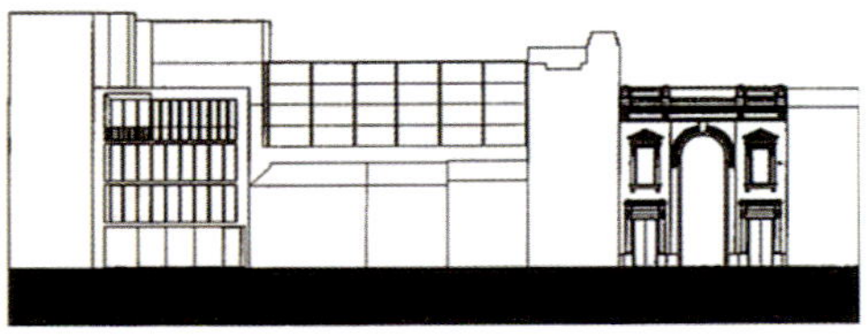

Street facade / 가로 파사드

엘 음악 문화센터, 발렌시아
El Musical cultural centre, valencia

Architect:
Eduardo de Miguel Arbonés

Location:
Plaza del Rosario, n° 3. El Cabanyal-Canymelar, Valencia

Assistants:
Architects:
David Zaragaza Aznar
Pablo Fuertes pérez
Antonio García Blay

Technical Surveyor:
Rafael Bellver Garcia

Structure:
SEG, Sondeos, Estructura y Geotécnia

Installations:
ICA S. L.; Consulting de Ingeniería

Client:
AYUNTAMIETO DE VALENCIA
AUMSA (Actuaciones Urbanas de Valencia)

Contractor:
OHL - ObrascÓn Huarte Lain, S. A
Francisco Noguera, Jefe de obra/site manager

Photographer:
Duccio Malagamba

작업은 오래된 Ateneu Musical del Puetro의 발렌시아의 Cabanyal시에서 이루어졌다. 이 건물은 망가져 있어 복구하기 어려운 상태였다.

새로운 건물에는 시민센터와 다목적 음악실, 연극 공연관, 400명의 관중을 수용할 수 있는 공공회관과 서비스 센터가 있다. 실질적으로 사이트의 전체 주위는 파티 벽에 의해 경계를 이루고 있어, 외부와의 직접적인 관계를 맺기 불가능하다.

이 구성 가운데 가장 눈에 띄는 특징은 순환지역을 포함하면서 자연의 빛이 들어올 수 있게 되어 있는 이중벽으로 되어 있다는 점이다. 이 계획의 노력은 두 개의 벽과 공공공간과의 소통 공간 차이에서 나타난다.

로비 공간, 시민센터와 홀이 만나는 공간사이에 층 바닥에 내려오는 나무판에 의해 불이 밝혀져 있다.

홀의 디자인은 청각 전문가가 가장 잘 어울리고 최고라고 생각하는 것을 근거로 디자인되었다. 폭의 길이가 높이의 제곱되는 비율을 갖는 직사각형의 아트리움이다. 이곳은 감각적인 평평한 천장과 아트리움의 10 큐빅 미터 정도 되는 높이와 볼륨을 느낄 수 있도록 되어 있다. 이 오래된 건물에서 고쳐야 할 것이 있다면 바로 플라자이다.

이것은 고전적인 반원형 아치 모델로, 아치 전체를 가로지르는 형태의 목재 문(10×3m)이 놓여지는 것이 하나의 특징이다. 건물의 정면을 유지하는 것은 이 지역의 상징적인 도시 공간의 많은 부분을 보존한다는 관점에서는 필요성이 요구된다.

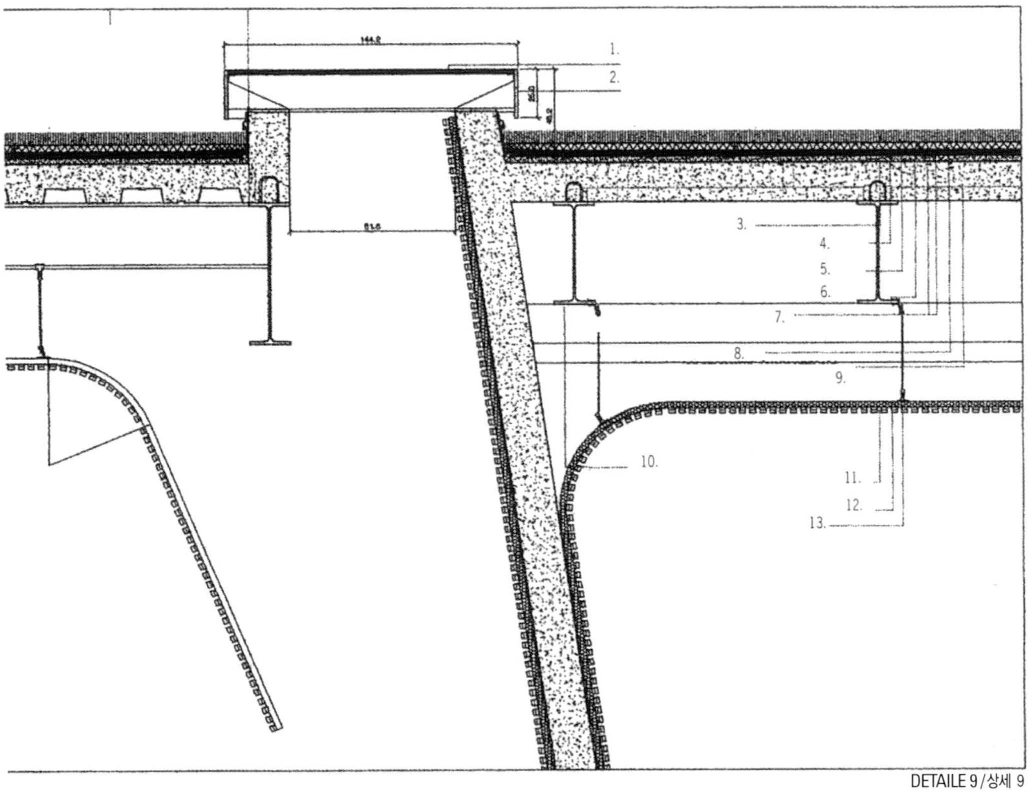

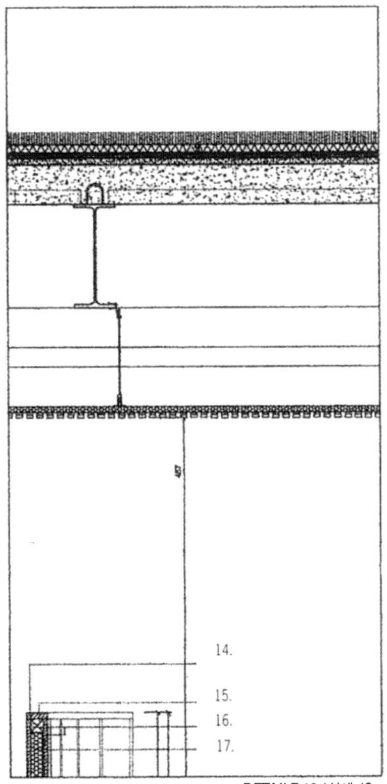

DETAILE 9 / 상세 9

DETAILE 10 / 상세 10

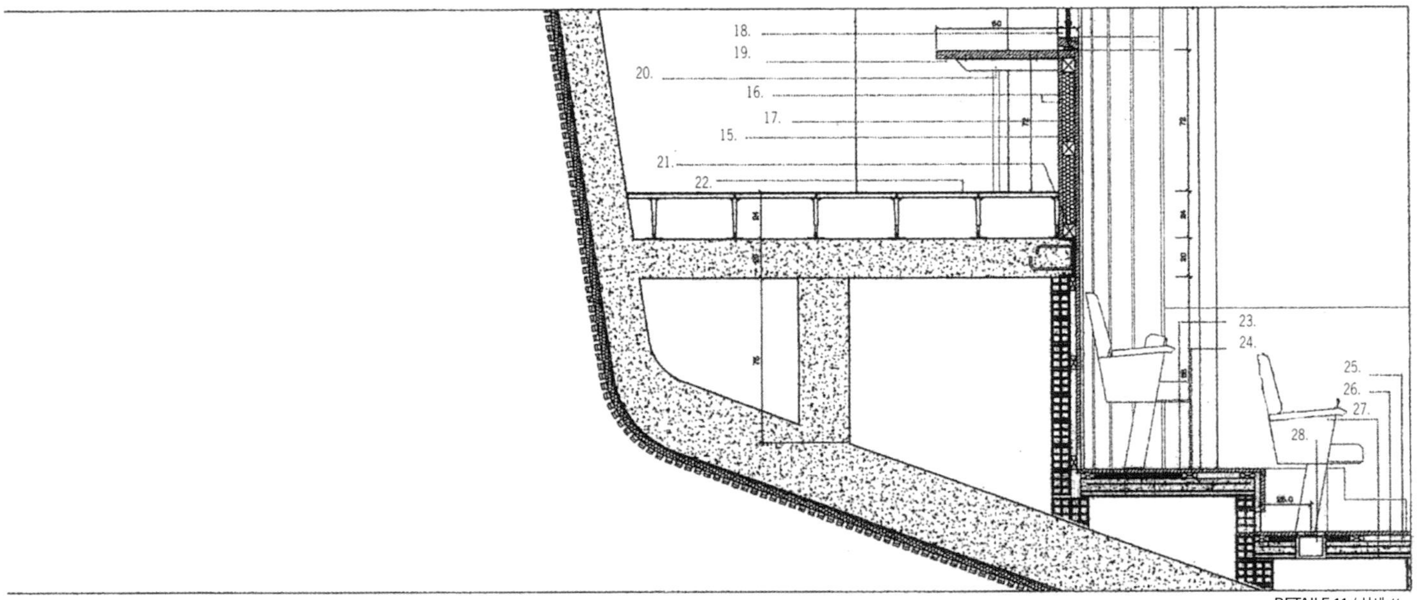

DETAILE 11 / 상세 11

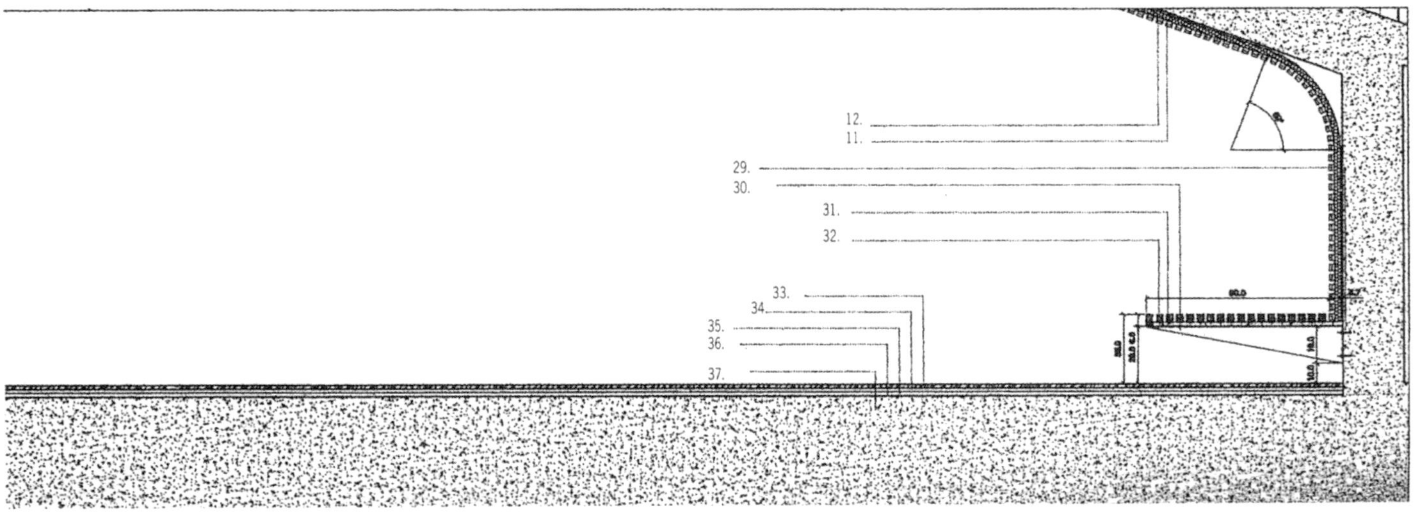

Constructive / 구조 단면

1. 10+10+10 laminated glass with clear polyvinyl butyral / 투명한 폴리비닐로 된 10+10+10의 합판유리(합성유리)
2. Skylight, 15mm, steel plate and 40 X 4mm L section / 톱 라이트, 15㎜. 스틸판과 40×4㎜ L형 단면크리트 기초
3. 15-22cm gravel / 15–22㎝ 자갈
4. Waterproof membrane, not adhered, Esterdan plus 30p two-layer elastomer / 점착성이 없는 방수 피막, Esterdan과 이중으로 된 탄성중합체
5. Reinforcements with protected dpm, adhered, Esterdan plus 40/gp / 보호되는 dpm이 있는 보강제는 고수했다, 40/gp를 더한 Esterdan계가 마감처리 된 목재
6. 2cm floated cement mortar / 2㎝ 뜨게 하게 되는 시멘트 모르타르
7. Geotextile felt, Danofelt 150(20cm overlaps) / Geotextile 펠트, Dano 펠트 150(20㎝ 겹쳐지는)
8. Extruded polystyrene / 압출 성형된 폴리스티렌
9. Composite decking, corrugated metal, 1mm thick Perfrisa pl 76 / 383 / 합성판, 함석 골판, 1㎜ 두께의 perfrisa pl 76/383
10. IPE 500 / IPE 500
11. Aluminium ceiling, Luxalon 30b type, laminated wood cladding / 알루미늄 천장, Luxalon 30b 타입, 집성재 외장
12. Acoustic panel Panover 40 / 방음 퍼널, Panover 40
13. Fixing elements, Sinard / 고정 요소, Sinard
14. 100 X 300mm beech veneer handrail / 100×300㎜ 너도밤나무 판재붙임 난간
15. 60 X 70mm wood batten / 60×70㎜ 목재 널판지
16. 2cm plywood / 2㎝ 합판
17. 6cm Extruded polystyrene / 6㎝ 압출 성형된 폴리스티렌
18. Wood frame / 목재 틀
19. 68 X 4cm plywood / 68×4㎝ 합판
20. 60 X 7 T section / 60×7 T 단면
21. UPN 200 / UPN 200
22. Raised access floor / 경사진 출입층
23. Solid beech flooring, 22mm thick / 스견고한 너도밤나무 마루판, 22㎜ 두께
24. 30 X 70mm wood sleeper / 30×70㎜ 목재 침목
25. Damp-proof membrane / 방습층
26. 6cm concrete slab, welded wire mesh 150 X 150 X 5mm / 6㎝ 콘크리트 슬라브, 용접 철망 150×150×5㎜
27. Hollow brick slab / 속이 빈 벽돌 슬라브
28. Floor grating / 격자모양의 바닥
29. Bolt, Fisher fb 10/15 / 볼트, 보강재 fb 10/15
30. Bench bracket screwed to concrete wall / 콘크리트 벽에 까치발 나사로 부착된 벤치
31. Iroko wood sections (70 X 20mm) screwed to bracket / 평까치발 나사로 고정된 Iroko 목재 단면(70×20㎜)
32. Iroko wood sections (30 X 40mm) screwed to wood sleeper / 목재 침목에 나사로 고정된 Iroko 목재 단면(30×40㎜)
33. White macael marble, 2cm thick / 두께 2㎝의 하얀 macael 대리석
34. 2cm key mortar / 2㎝ 쐐기 모르타르
35. 2cm sand / 2㎝ 모래
36. Damp-proof membrane, vandex super 1kg / ㎡ / 방습층, vandex 슈퍼 1kg/㎡
37. Foundation slab / 기초 슬라브

The work was carried out in the cabanyal district of Valencia, on the site of the old Ateneu Musical del Puerto. This building was in a state of ruin that made it unfeasible to save it. The new building comprises a civic centre, a multi-purpose hall for music, theatre and public spectacles to accommodate 400 spectators and a services area.

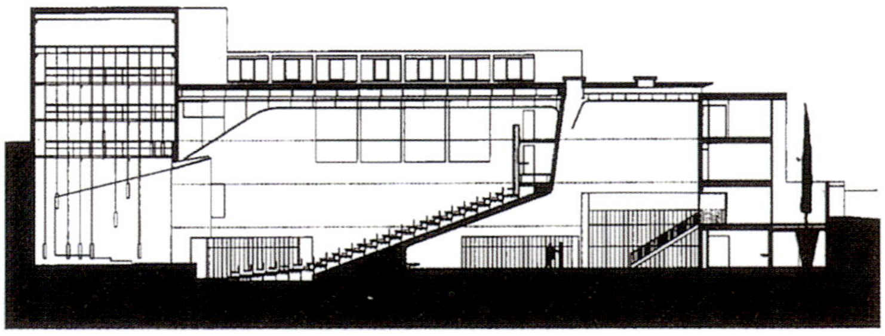

9 section / 단면도 9

Practically the entire perimeter of the site is bounded by party walls, making it impossible to establish a direct relationship with the exterior. The most notable feature of the design is the double wall that contains the circulation areas and enables natural light to enter. The tension in this project is set up between the communication spaces in the gap between the two walls and the public spaces in the voids created in the interior. The void in the foyer, a meeting space between the civic centre and the hall, is lit from above and filtered by a veil of wooden slats that glides to the floor.

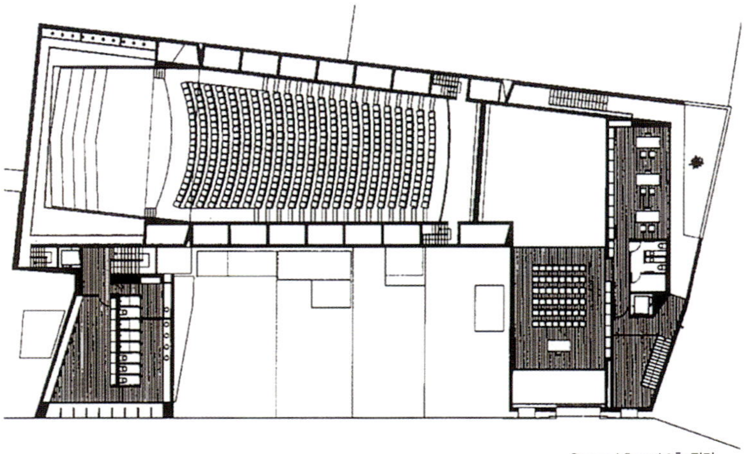

Second floor / 2층 평면

The design of the hall is based on the solutions that experts in acoustics consider the best: a rectangular auditorium of a length to width proportion approaching a double square, with appreciably flat ceilings and heights that ensure a volume of approximately ten cubic meters per spectator.

The only part of the old building to be retained is the facade on the Plaza del Rosario. This is inspired by the classical triumphal arch model, a feature which has been accentuated by placing a sliding wooden door (10×3m) across the entire central arch. It was considered necessary to retain the facade in other to preserve the character of the most emblematic urban space of this district.

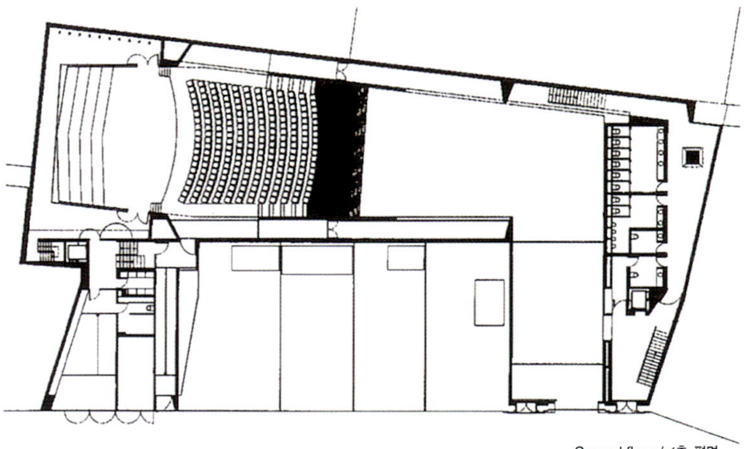

Ground floor / 1층 평면

역자서문

일상 속에서나 대중매체를 통해 "환경", "생태", "자연"이란 단어와 자주 접하게 되면서 사람들은 어떻게 하면 삶의 공간을 보다 쾌적하고 보다 건강하게 미래로 이어갈 수 있을 것인가에 관심을 갖게 되었다.
이와 같은 전 인류의 공통 이슈에 대한 해답은 인간과 자연이 지속적으로 함께할 수 있는 공존개념의 실현에 있다고 하겠으며, 구체적인 해결방법은 늘 자연 속에서 자연과 함께 생활해왔던 과거 선조들의 삶의 모습 즉 전통에서 찾아낼 수 있을 것이다.
이런 맥락에서 전통문화 및 전통과학기술에 대한 관심과 관련연구가 활발하게 이루어지고 있는 것은 매우 바람직한 일이다.

이 책에서 소개되고 있는 내용은 현대건축과 자연이 공존하는 모습들이다.
각 나라마다, 장소마다, 어떤 계획가인가에 따라 그것들의 구현방법이나 공간을 취급하는 수법에도 많은 차이가 있으며, 각 나라의 전통양식이 현대건축과 접목되는 방식이나 표출되는 모습도 서로 달랐다.
그러나 각각의 작품 속에서 우리는 주변 환경과 건물이 들어서게 될 지형과 토지에 대한 배려, 즉 인간과 자연이 함께하기 위한 서로에 대한 배려가 담겨있음을 느낄 수 있으며, 시간이 지나면 지날수록 주위 환경 속에 묻혀버릴 것 같은 미래를 읽어낼 수 있을 것이다.
환경친화형 건축에 대한 절대적인 원칙은 없다.
다만 주변 환경과 지형에 대한 배려의 마음을 공간에 담아내는 것뿐이다.

국내에서 에스파냐어로 소개된 스페인 서적을 접할 기회는 매우 적으나, 프랑스 답사 중 발견한 이 책은 다행스럽게도 영어로도 표기가 된 특집한정판 이었다. 혼자보기 아까운 마음에 미숙하나마 번역작업을 하게 되었으나, 언어도 문화도 사상도 달라 저자의 의도와 다른 부분이 많으리라 생각된다. 독자들의 넓은 이해를 바란다.
마지막으로 까다로운 편집을 맡아 책을 출판해주신 보문당 김태우 실장님께 깊은 감사를 드린다.

2007. 11.
역자 배현미

Ecotypes Architecture
환경친화형 건축

1판1쇄 인쇄 2007년 12월 10일
1판1쇄 발행 2007년 12월 15일

지은이 | ViA arquitectura
엮은이 | 배현미
발행인 | 김병계
발행처 | 도서출판 보문당
등록 | 1990년 6월 15일(제1-1066호)
주소 | 서울시 마포구 신수동 448-6 우)121-110
전화 | 704-7025 / 704-0635
팩스 | 704-2324
홈페이지 | http://www.bomoondang.co.kr
전자우편 | bmdpub@empal.com

값 30,000원

ISBN 978-89-8413-142-2(93530)

본 번역연구는 2007 국립문화재연구소 「전통과학기술실용화 연구개발사업」의 지원으로 이루어졌음